身の回りから見た
化学の基礎

芝原 寛泰・後藤 景子 著

化学同人

◆ まえがき ◆

　本書『身の回りから見た　化学の基礎』は，大学の共通教育用，あるいは文系向けテキストとして編集されている．「化学」を学ぶことに積極的・具体的なイメージをもてない人には，是非とも手にとってほしい．

　本書の刊行の目的は，次のように表せる．

- 「身の回りの物質」「身の回りの現象」を題材にして，「物質の科学」という化学の原点に戻り，「化学の果たしてきた役割」を振り返ること．
- 「化学の基礎」に立脚した「化学の眼」をもつことにより，生活の中のさまざまな事象と化学との深い関係を見つけ出すこと．
- 間違った情報に振り回されないよう，「化学リテラシー」を備えた客観的な判断ができる社会人になるために必要な知識を得ること．

　なるべく易しい説明でこの目的を達成するために，ある好奇心の旺盛な家族を登場させ，その日曜日の生活を追い，そこで出会う出来事から化学に関する話題を集めるという手法をとった．この家族を各節の冒頭の会話文に登場させ，日常生活での素朴な疑問を通して，化学を楽しく，易しく学べるように構成した．また，章の冒頭には，その章の目的やあらすじを載せ，見通しをよくするよう配慮した．本文は学問としての化学の体系にこだわらず，厳密さを優先するあまりわかりにくくならないよう，化学の入門書として平易な解説を念頭においた．

　高校での化学の学習に不安を感じる場合でも，身近な話題を引用しつつ化学の基礎から順に解説を行っているので，読み進むうちに，その不安は解消するであろう．また，将来，より専門的な化学の内容を学ぶ機会がない場合は，本書はまさに「化学リテラシー」に触れるための最適なテキストになると確信する．一方，専門の化学をさらに学ぼうとする者にとっては，原点である「生活の中の化学」を通して，未来に向けての化学の役割について認識することができるだろう．

　本書は半期の講義を意識し，15回の授業に合うように15章の構成とした．後半の章は各論的な内容でもあり，章の順序を入れ替えて読み進んでも差し支えない．化学の基礎を押さえたうえで，興味のある話題が取りあげられている章を読み，化学の面白さを見つけていただきたい．そうすれば「化学の眼」が養われ，「生活の化学」から「生活の科学」へと視野が広がるものと確信している．

　化学同人編集部　大林史彦氏からは，化学の入門書としての新しい構成と展開の企画，ならびに読者の立場からの適切なアドバイスをいただいた．本書の発刊にいたったことを深く感謝する次第です．

　また，本書のカバーデザインおよびイラストは鈴木素美氏に担当していただいた．生き生きとしたイラストのお陰で，本書の雰囲気も華やいだものになった．鈴木氏にも感謝申し上げたい．

2009年10月

著　者

化実家の紹介

本書では，化実（けみ）家のある日曜日の一日を追い，そこで出てくる身の回りの出来事を化学の眼で解説していきます．では，その化実家のメンバーを紹介しましょう．

化実 元雄（けみ もとお）
化学系メーカーに勤務するエンジニア．
豊富な化学の知識を元に，子どもたちの疑問に答える．
食べることが大好きなのに加え，このところの運動不足でかなり太ってきたのが悩み．

化実 素子（けみ もとこ）
一家をまとめるお母さん．
料理や洗濯など，家事にかかわることについていろいろな知識をもっている．

化実 量子（けみ りょうこ）
化実家の長女で，企業に勤める OL．
文系学部出身で，化学に関する知識はあまりもっていない．
イイオトコ探しが生き甲斐．

化実 理科雄（けみ りかお）
化実家の長男で，理工学部化学科の大学生．
まだ元雄ほどの知識はないが，ただいま化学を勉強中．
周囲の気温を一気に下げるダジャレが得意（？）．

化実 陽子（けみ ようこ）
化実家の次女で，テニスが大好きな高校生．
化学はあまり得意ではないが，好奇心は旺盛で，いろいろな疑問を元雄や理科雄にぶつける．

アトム
化実家の飼い犬．
家族の指示には従うが，やや凶暴な面も．

Contents

第1章　化学ってなんだ？　化学の基本事項 …………………………… 1

1-1　ものが化けることを学ぶのが化学　2
物質の変化には2種類ある　2　　物質の分類の仕方　3
わかれば簡単，化学反応式の読み方　3

1-2　原子ってどういうかたちをしているの？　4
原子って何？　4　　電荷をもつのがイオン　6
原子の種類を表す元素記号　5

1-3　化学反応と熱の関係　7
化学反応には熱の出入りが伴う　7　　カイロや弁当で起こっている反応　8

1-4　冷蔵庫やクーラーの仕組みって？　10
状態が変わるときにも熱が出入りする　10
冷蔵庫やクーラーはなぜ冷えるの？　11

【ちょいムズ】
◇反応熱を化学結合から考える　8
◇熱化学方程式と熱力学の考え方の違い　9

第2章　真水・お酢・石けん水の違いって？　酸性・塩基性の化学 ……… 13

2-1　酸性・塩基性の基本的性質　14
酸・塩基ってどんなもの？　14　　酸・塩基の価数とは　15
酸性・塩基性の原因となるイオン　14　　酸性・塩基性を調べる指示薬　16

2-2　身近にある酸性・塩基性の物質　17
pHによって身近な物質を分類　17　　身近な塩基：石けん，アンモニア　18
梅干しは身近な酸性物質　18

2-3　洗剤・洗浄剤にもいろいろある　19
台所や風呂場で使われる洗剤　19　　さまざまな用途がある重曹　20
洗濯用の漂白剤　19

2-4　身近に利用されている中和反応　20
酸と塩基を混ぜる「中和」　20
ブレンステッドの酸・塩基の定義　21
こんなところにも中和反応が　21

【ちょいムズ】
◇酸性・塩基性の強さを表すpH　16

第3章　衣服は第二の皮膚　衣服の化学 …………………………………… 23

3-1　衣料用の繊維にもいろいろある　24
人はなぜ服を着るのだろう　24　　繊維の作り方と布の構造　24

目次

　　　衣料用繊維にはどんなものがあるの？　25　｜　羊毛繊維が優れた繊維である理由　26

3-2 繊維に色を付けるには？　28
　　　なぜ布は染まるんだろう　28　｜　天然も合成も——いろいろな染料　29

3-3 進化する衣服　30
　　　紡糸技術も進化している　30
　　　こんな高機能な素材もある　31

【ちょいムズ】
◇繊維を作る分子の構造　27
◇色と光の関係　29

第4章　環境にやさしい洗濯を　洗濯の化学 …………… 33

4-1 洗濯を始める前に　34
　　　衣服の汚れの種類　34　｜　汚れの色を消すのが漂白　35
　　　しみ抜きはしみ移し　35

4-2 デリケートな衣服はクリーニングに？　36
　　　洗濯すると布が傷むわけ　36　｜　家庭洗濯とドライクリーニングの長所・短所　38
　　　ラベルを見て正しい洗濯を　37

4-3 洗剤には何が入っているんだろう？　38
　　　洗剤にはさまざまな成分が入っている　39　｜　どのようにして汚れを落とすの？　40
　　　界面活性剤はマッチ棒の形　39
　　　石けんの作り方　40

4-4 環境にやさしい洗濯とは　42
　　　石けんと合成界面活性剤の違い　42
　　　ドライクリーニングと環境問題　43

【ちょいムズ】
◇親水基の種類とその用途　39
◇石けんの工業的製法の移り変わり　40
◇洗浄力とミネラル成分の関係　43

第5章　もっとも身近でもっとも不思議な物質　水の化学 …………… 45

5-1 水は特殊な物質なの？　46
　　　水がもつ特異な性質　46　｜　氷が水に浮くのは当たり前？　47
　　　水分子どうしは互いに引きあっている　47　｜　表面張力で水が転がる　48

5-2 水に溶けるもの，溶けないもの　49
　　　食塩が水に溶ける様子　49　｜　スポーツドリンクの秘密　51
　　　ミネラルウォーターってどんな水？　50

5-3 家庭にきれいな水が届くまで　51
　　　浄水場で水をきれいにする仕組み　51
　　　海水を真水に変えるには　52

5-4 水は循環している　54
　　　水は世界を駆け巡る　54
　　　水質汚染は人間活動のせい？　55
　　　水質汚染が土壌汚染に結びつく　56

【ちょいムズ】
◇なぜ氷は水よりも密度が小さいの？　48
◇なぜ塩素で殺菌するの？　52
◇真水を作る逆浸透法　53
◇水質汚染の程度を測る「ものさし」　55

第6章　生活材料今昔物語　プラスチックの化学 …… 57

6-1　プラスチックの正体は？　58
身の回りのプラスチック製品とその構造　58
熱に融けるプラスチックと固まるプラスチック　60

6-2　どこまで広がるプラスチック　61
プラスチックの長所と短所　61
プラスチックを改良し，さらに高機能に　62

6-3　プラスチックってリサイクルできるの？　64
プラスチックのリサイクルの現状　64
植物から作る生分解性プラスチック　65

【ちょいムズ】
◇発泡スチロールの作り方　60
◇光ディスクもプラスチック　62
◇熱に強いプラスチック　63

第7章　お料理は化学実験　料理の化学 …… 67

7-1　栄養バランスは長生きの秘訣　68
五大栄養素って？　68
炭水化物，脂質，タンパク質は生きる力となる　68
ビタミンは生命を与える物質　69
ミネラルを摂って，丈夫な歯や骨を　70
六つの食品群をバランスよく食べよう　70
意外に少ない？　味の種類　70

7-2　ご飯をおいしく炊くには　71
穀類の主成分，デンプン　72
米の構造と上手な炊き方　72

7-3　温泉卵は温度がポイント　73
アミノ酸がつながってタンパク質ができる　74
栄養満点の卵の秘密　75

7-4　発酵は台所のバイオテクノロジー　75
発酵と発酵食品　76
あれもこれも発酵食品　76

【ちょいムズ】
◇消化酵素と米の老化　72

第8章　生活を彩る驚異の粒子　コロイドの化学 …… 79

8-1　コロイド粒子って？　80
コロイド粒子って？　80
透析でコロイド粒子だけを残す　80
表面張力とコロイドの関係　81
コロイド粒子は電気を帯びている　82

8-2　生活を彩るコロイド　82
あれもこれも分散コロイド　83
牛乳や活性炭もコロイド　83

8-3　コロイドははかない命　84
不思議なブラウン運動　85
コロイド粒子どうしがくっつくことも　86
吸着層でコロイドを安定化　87

8-4 空の色はコロイドの贈りもの　87
　　光の道が輝いて見えるチンダル現象　88
　　空の色もコロイド　88

【ちょいムズ】
◇コロイド粒子間に働く力　86
◇光の散乱を利用して粒子の帯電量を計る　89

第9章　化学の力で命を守る　薬の化学　……91

9-1 薬は化学で創られる　92
　　薬の種となるリード化合物　92
　　より効果の高い，安全な薬へ　93
　　天然の化合物を元に薬を合成　93
　　ランダムスクリーニングで薬を合成　94
　　ドラッグデザインで狙って薬を合成　95

9-2 薬が熱を下げたりする仕組み　95
　　薬分子と生体分子の相互作用　96
　　自分を傷つけずに細菌を退治する仕組み　96
　　コレステロール値を下げる高脂血症治療薬　97
　　総合感冒薬は対症療法薬　97
　　強い感染力をもつインフルエンザウイルス　98

9-3 薬はリスク　99
　　薬の副作用に気をつけよう　99
　　薬の飲み合わせにも注意　100
　　薬と食べものとの相互作用　100

9-4 症状に合わせて選ぶ薬　101
　　五千年の歴史をもつ中医学　101
　　漢方薬にも種類がある　101
　　漢方薬にも副作用あり　102

【ちょいムズ】
◇薬と受容体　96
◇薬の飲み合わせによる副作用　98

第10章　身の回りには石油製品がいっぱい！　化石資源の化学　………103

10-1 石油って結局，どういう物質なの？　104
　　石油の元は生き物　104
　　原油を精製すると　105

10-2 身の回りには石油製品があふれている！　106
　　石油から作るLPガス　106
　　都市ガスの主流は天然ガス　107
　　再び注目される石炭　107
　　材料としての石油　108

10-3 アイドリングストップって何のため？　108
　　自動車の燃料にもいろいろある　109
　　不完全燃焼で有毒ガスが　109
　　SO_xやNO_xって何？　109
　　光化学スモッグに注意　110
　　環境を守る工夫　112

【ちょいムズ】
◇蒸留と分留の違い　105
◇日本の酸性雨　111

第11章　現代生活を支えるすぐれモノたち　身近な材料の化学 ………… 113

11-1　古くて新しいセラミックス　114
- セラミックスってどんなもの？　114
- ファインセラミックスの作り方　115
- アルミナはセラミックスの優等生　115
- その他のファインセラミックス　116

11-2　現代生活に欠かせない金属材料　117
- 金属の実用化の歴史　117
- 最初に実用化された金属　118
- さまざまな長所をもつ銅　118
- もっともポピュラーな金属，鉄　119
- 現代生活に不可欠なアルミニウム　119

11-3　半導体って電気を半分通すの？　119
- 超伝導って何だ？　120
- 電気を半分通すって？　121

11-4　雨が降ればきれいになる光触媒の秘密　122
- 雨が降るほどきれいになる壁？　122
- 快適通信に欠かせない光ファイバー　123

【ちょいムズ】
◇陶磁器と瀬戸物って同じもの？　115
◇アルミナの原料はボーキサイト　116
◇光触媒のメカニズム　123

第12章　電気パワーが社会を明るくする　電池の化学 ……………… 125

12-1　酸化と還元は同時に起こる　126
- 酸化と還元の関係　126
- 温泉でも利用されている　127

12-2　電池を発明した人って？　128
- 電池を実用化した人　128
- ボルタ電池を改良したダニエル　130

12-3　現代の電池と電気分解の原理　130
- 乾電池の登場　131
- 繰り返し使える二次電池　131
- 電気分解とは　133
- 電気分解を利用して作る製品　133

【ちょいムズ】
◇酸化還元は電子のやりとり　127
◇電池の仕組み　129
◇陽極と陰極，正極と負極…ああ，ややこしい　132
◇水の電気分解と酸化・還元　133

第13章　身の回りの電気製品をカガクする　電気製品の化学 ………… 135

13-1　磁石はどうして鉄とくっつくの？　136
- 磁石を切ると，どうなる？　136
- 磁石にくっつくもの，くっつかないもの　137
- 磁石になるもの，ならないもの　137
- こんなところにも磁石が使われている　138

13-2　火を使わずに加熱するIHクッキング　139
- 磁場による加熱って？　139
- IHに使える器具と使えない器具，どう違うの？　140

x 目次

13-3 ● 液晶は固体でも液体でもない？　141
　　液晶ってどんな物質？　141
　　なぜディスプレイに利用できるのか　142
　　どうやって体脂肪率を測ってるの？　143

【ちょいムズ】
◇電磁誘導とその応用　140
◇液晶の詳しい仕組み　143

第14章　物質は自在に変わる　固・液・気の化学　……………… 145

14-1 物質の状態変化をミクロに見てみよう　146
　　物質の三態の違いを細かく見ると　146　　固体と液体の特徴　147
　　超スピードで飛んでいる気体　147　　　　圧力も状態変化に関係する　148

14-2 圧力をかければ沸点が上がる　149
　　水蒸気は力もち　149　　　　　山の上で料理すると　151
　　圧力鍋の秘密　150

14-3 何かを混ぜると凝固点が下がる　152
　　何かを混ぜると凝固しにくくなる　152
　　凝固点が下がる理由　153
　　金属でも凝固点降下が生じる　153

【ちょいムズ】
◇蒸気機関の発明が産業を変えた　150
◇水と砂糖水の違い　154

第15章　化学は未来をひらく　環境と調和する化学　……………… 155

15-1 これからの化学を考えよう　156
　　どこからエネルギーを取り出すか　156　　エネルギーの質が重要　157
　　エネルギーにも種類がある　157

15-2 地球の温度は上がってるの？　158
　　なぜ地球が暖まっているのか　158　　　　二酸化炭素は悪者なの？　160
　　二酸化炭素の排出量ってどうやって計算　　南極上空にぽっかり空いたオゾンホール　160
　　　するの？　159

15-3 石油に依存しない新しいエネルギー　161
　　新エネルギーって？　161　　　　　　　　新エネルギーで電気を作る　162
　　太陽光発電は新エネルギーの代表選手　　　排ガスを出さない夢の自動車　163
　　　162

15-4 環境と調和する化学を目指して　164
　　環境にやさしい化学　164
　　これまでの化学とこれからの化学　165
　　終わりに　166

【ちょいムズ】
◇太陽電池の構造　162
◇燃料電池の構造　163

写真提供一覧　167
索　引　168

第1章 化学って何だ？
― 化学の基本事項

化学は「物質の科学」であるといえます．

「すべての物質は原子からできている」ことは，みなさんもご存じでしょう．これは，物質を考えるときにもっとも重要な点であり，この考え方を「物質の原子論」あるいは「粒子論」といいます．アメリカの有名な物理学者ファインマンは「20世紀の科学でもっとも重要な研究成果は，物質の原子論が確立したことである」と述べています．

われわれの身体を構成している物質も含め，地球にあるすべての物質が，ある限られた種類の元素から構成されています（今までに発見された元素は109種類です）．もっといえば，地球以外の惑星などを形づくっている物質も，元素から構成されています．これは，20世紀の天文学の重要な研究成果の一つです．

「物質は原子からできているなんて，中学の理科でも習ったことだし当たり前だ」と思う人もいるでしょう．しかし，原子・分子の存在が確かめられ，世の中で認められたのは，20世紀になってからなのです．まだ100年ほどしか経っていません．19世紀に発見された「ブラウン運動」を，アインシュタインが理論的に，またペランが実験的に検証したことにより，原子の存在に懐疑的だった当時の著名な研究者（物理学者マッハなど）も納得したといわれています（ブラウン運動については第8章参照）．現在では，電子顕微鏡などで原子の並び方を確認したり，また走査トンネル顕微鏡で原子1個を操作したりできます．

この章では，原子の構造，化学変化の基本などを学ぶことにより，「化学とはどういう学問か」を覗いていくことにしましょう．

1-1　ものが化けることを学ぶのが化学

「あぁ～，よく寝た．父さん，兄さん，おはよう．あ，今日はすごい霧だね．霧ってロマンチックだけど，その正体は何なんだろう？」

「霧だけに，ハッキリとはわからないなあ」

「朝イチからダジャレか…．霧の正体は水だ．空気中の水蒸気が液体の水になって浮いている状態なんだよ」

「水蒸気が液体に変化するってことは，水の構造自体が変わっちゃうの？」

「いや，この変化では水という物質自体は変わらないよ．その集合状態が変化しただけなのさ．物理変化の一種だね」

「ふーん．物理変化っていわれてもよくわかんないなあ．物理変化以外にはどんな変化があるの？」妖怪変化とか？

「それは化学変化で，原子や分子のつながり方が変わって，物質自体が変化するんだ．理科雄の専攻している化学は，このような物質の変化，つまり『ものの化け方』を研究する学問だといえるかもしれないね」

「化学かぁ．高校で習ってるけど，いまいち苦手なのよね．とくにあの化学式ってのが，どうも…」

「ちょっと慣れると，化学式のほうが一目瞭然でわかりやすいと思うんだけどなあ」

◆ 物質の変化には 2 種類ある

物質の変化は，**物理変化**と**化学変化**に大きく分けることができる（図 1.1）．

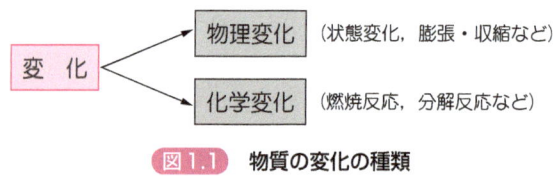

図 1.1　物質の変化の種類

⟵ LINK ⟶
状態変化の詳しい説明は第 14 章参照．

　たとえば，水が氷や水蒸気になる変化は，成分の物質（水）には変化がないので状態変化であり物理変化に分類される．また，物質が膨張あるいは収縮したり，砂糖や食塩が水に溶ける現象も物理変化である．
　一方，物質を構成する原子や分子の結合が切れたり，あるいは別の結合が生じて新しい物質に変化する場合を化学変化という．たとえば「水素を燃やして水を作る」というのは，水素および酸素という物質が化学反応して，水という新しい物質ができたことを表している．
　化学とは，このような物質の変化，つまり「ものの化け方」を研究する学問である．すなわち，物質の性質がどのように変わるかを探究し，物質のもつ性質を積極的に応用することにより，新しい物質を創出したり，環境に悪い物質を除去したりする，われわれの生活に深くかかわっている学問である．

◆ わかれば簡単，化学反応式の読み方

化学反応を考えるときには，**化学反応式**を使うとわかりやすい．先ほど例にあげた，「水素を燃やして（すなわち酸素と反応させて）水を作る」という反応を化学反応式で表すと，次のようになる．

$$2H_2 + O_2 \longrightarrow 2H_2O \tag{1.1}$$
（水素）（酸素）（水）

一見とっつきにくいし，こういう式を見ると「難しそう」と思う人もいるかもしれないが，言葉で書くよりも，正確でわかりやすいと感じないだろうか？

ここで，化学反応式の基本的な読み方について復習しておこう．式(1.1)と図 1.2 を見ながら理解していってほしい．H_2 の 2 は，H が 2 つ集まって一つの粒子（H_2）を構成していることを示している．O_2 の 2 も同様である．$2H_2$ の 2 はどうだろうか．これは，H_2 という粒子が 2 つあることを示している．$2H_2O$ の 2 も同様である．

化学反応では，物質を構成する原子の数は，化学反応の前後で変化しない．すなわち，反応の前後で，質量も変化しない．これを，**質量保存の法則**という．

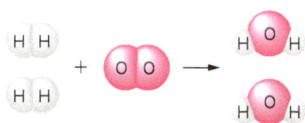

図 1.2 式(1.1)の模式図

◆ 物質の分類の仕方

物質はまず，**純物質**と**混合物**に分けられ，純物質はさらに**単体**と**化合物**に分けられる（図 1.3）．

純物質とは，他の物質が混ざっていない単一な物質のことである．1 種類の元素だけからなる物質を単体という．水素分子（H_2）や酸素分子（O_2）がその例である．水（H_2O）や食塩（NaCl）は 2 種類以上の元素からできていて，化合物に分類される．

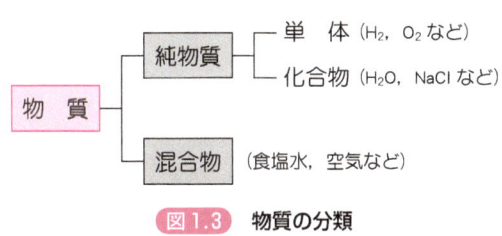

図 1.3 物質の分類

ワンポイント

質量保存の法則
「物質の質量の総和は，化学反応の前後において変化しない」という法則．1774 年にフランスのラボアジェ（A. Lavoisier, 1743～1794，パリ出身の化学者．燃焼とは，物質と空気中の酸素との反応であることを示した人物としても知られる．フランス革命の際にギロチンで処刑された）によって提案された．

4　1章 ◆ 化学ってなんだ？ ―化学の基本事項

⟵ LINK ⟶
ろ過，抽出については，第5章参照．

混合物とは，複数の純物質が混ざったものである．たとえば，空気は複数の種類の気体の混合物である．また，食塩水は水と食塩の混合物である．混合物は何らかの方法（ろ過，抽出など）で純物質に分離することができる．

▶ 1-2　原子ってどういうかたちをしているの？

「ワン（腹が減ってきたぞ，今日の朝飯は何だ？）．ガウガウ（まずかったら承知しないからな）」

「準備するから，もうちょっと待ってくれない？　まったくアトムは食いしん坊ねえ．ところで，『アトム』って『原子』って意味なんだよね？」

「そうだよ．原子を英語でいうと，atom だ．『これ以上分割できないもの』というギリシャ語が語源なんだよ」

「でも，原子って，もっと小さいものからできているって習ったような…？　電子とか陽子とか…．違ったっけ？」

「そうなんだ．研究が進むにつれて，原子は物質を構成する最小単位ではないということ

がわかってきたんだ」

「ガウガウー（オレのことを最小とかいっているのは誰だ，かみついてやる）」

「何を一人（一匹）で勘違いしてるんだ…．原子は，電子と陽子と中性子からできていて，その数によって原子の種類が決まるんだ．その原子の種類を表すのが元素記号なんだよ」

「あの『水兵リーベ』ってやつね．化学の授業で覚えさせられたわ」

「そういうこと．アルファベットを知らずに英語を勉強するのが無理なように，元素記号をまったく知らずに化学を勉強するのも無理だなあ」

「そうなのかぁ．化学を学ぶには必要なのね」

◆ 原子って何？

ここに，鉄の棒があるとする．それを半分に切る，また半分に切る，もう半分に…という作業を繰り返していくと，どこまで切ることができるのだろうか．人の手で細かくするには限界があるが，たとえどんなに精密な機械を使っても，これ以上に小さくできない限界がある．それが**原子**であり，物質を構成する単位である．英語では atom というが，これは「これ以上同じものに分けられない」という意味のギリシャ語が語源になっている．しかし，さらに研究が進むにつれ，原子は物質を構成する最小の単位ではないことが明らかになった．

では，原子とはどういう構造をしているのだろうか．原子は中心にある**原子核**と，その周囲に存在する**電子**からなる．さらに原子核は**陽子**と**中性子**から構成される（図1.4）．電子は負電荷，陽子は正電荷をもっている．

電子と原子核の質量を比べると，電子は陽子や中性子の約1840分の1

☝ ワンポイント
atom の語源
ギリシャ語の atomos という語が元になっている．

で，ほとんど無視できるほど軽い．すなわち，原子の質量は，ほとんど原子核（陽子と中性子）の質量だと考えてよい．しかし，電子の存在する領域は非常に大きく，たとえば，原子核をピンポン玉の大きさとすると，電子の存在する場所は，甲子園球場の大きさに匹敵する（図1.5）．

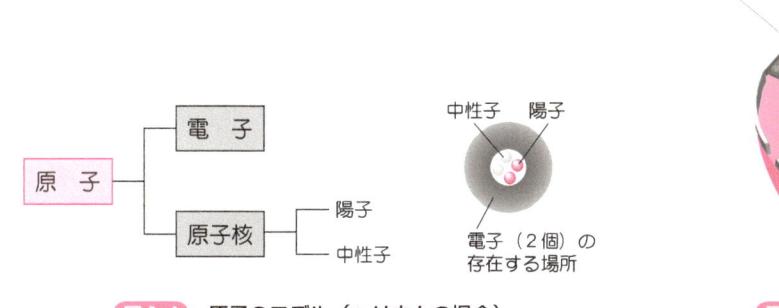

図1.4 原子のモデル（ヘリウムの場合）

図1.5 電子の存在する領域

甲子園球場を原子とすると，原子核はその中心にあるピンポン玉の大きさになる．

◆ 原子の種類を表す元素記号

原子は，それがもつ電子や陽子の数によって，さまざまな種類がある．その種類を表すのが**元素記号**で，式(1.1)にでてきたH, Oはそれぞれ水素，酸素を表す元素記号である．身近なところでは，鉄はFe，金はAu，塩素はCl，ナトリウムはNaと，それぞれ記号が決まっている．

元素を質量（原子量）の順に並べると，化学的な性質が「周期的」に現れることを，ロシアのメンデレーエフが1869年に発表した．これが後の**元素の周期表**の原型である（図1.6）．周期表では，性質の似た元素が縦に並ぶ．縦の列を**族**，横の行を**周期**と呼ぶ．

メンデレーエフの時代には63種類の元素が発見されていた．彼はそれらを化学的性質によって分類し，さらに元素の質量の順に並べていくことにより周期表を作った．その際，当時はまだ発見されていなかった元素の部分は空欄にして，その存在を予言した．後に，予言した元素が実際に発見されて，メンデレーエフの周期表の価値が認められたのである．

現在の周期表では，元素を質量の順ではなく**原子番号**の順に並べる．原子番号はその原子がもつ陽子の数に等しい．

原子番号＝陽子の数

ワンポイント

原子量

原子1個の質量は非常に小さいので，絶対質量で表すと煩雑である．そこで「質量数12の炭素原子1個の質量を12とする」という基準で，原子の質量を相対質量で表したのが原子量である．相対値なので単位はもたない．なお，質量数は陽子と中性子の個数の和であり，質量とは違う．

D. Mendelejev
1834〜1907．ロシアの化学者．

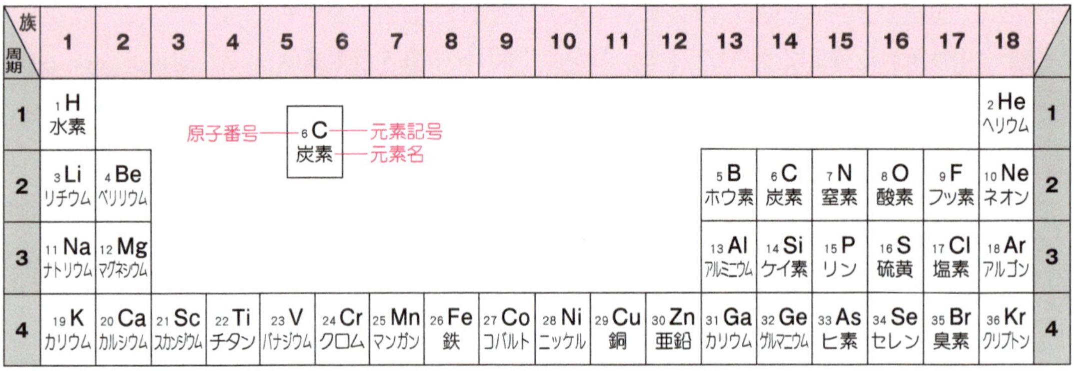

1章 化学ってなんだ？ —化学の基本事項

族周期	1	2	3	4	5	6	7	8	9	10	11	12	13	14	15	16	17	18	
1	₁H 水素																	₂He ヘリウム	1
2	₃Li リチウム	₄Be ベリリウム											₅B ホウ素	₆C 炭素	₇N 窒素	₈O 酸素	₉F フッ素	₁₀Ne ネオン	2
3	₁₁Na ナトリウム	₁₂Mg マグネシウム											₁₃Al アルミニウム	₁₄Si ケイ素	₁₅P リン	₁₆S 硫黄	₁₇Cl 塩素	₁₈Ar アルゴン	3
4	₁₉K カリウム	₂₀Ca カルシウム	₂₁Sc スカンジウム	₂₂Ti チタン	₂₃V バナジウム	₂₄Cr クロム	₂₅Mn マンガン	₂₆Fe 鉄	₂₇Co コバルト	₂₈Ni ニッケル	₂₉Cu 銅	₃₀Zn 亜鉛	₃₁Ga ガリウム	₃₂Ge ゲルマニウム	₃₃As ヒ素	₃₄Se セレン	₃₅Br 臭素	₃₆Kr クリプトン	4

元素記号の例：₆C 炭素（原子番号・元素記号・元素名）

図1.6 元素の周期表

原子の構造でも述べたように，一つの原子の中では，電子の数と陽子の数は等しく，電気的なバランスが保たれている．

◆ 電荷をもつのがイオン

基本的な状態の原子は，陽子の数と電子の数が等しく，電気的には中性である．この中性の原子から電子がとれたり，あるいは原子に電子が付け加わったりすることがある．そうすると，電子は負の電荷をもっているから，原子は電気的に中性ではなくなる．このような，電荷をもった粒子を**イオン**という（図1.7）．帯びている電荷により，大きく陽イオンと陰イオンに分けられる．

イオンを表す場合，元素記号の右上に，とれた電子やもらった電子の数に応じて，＋，＋2あるいは－，－2のように，その電荷を記す（電荷が1の場合は＋あるいは－のように1を略して表す）．これを**価数**という．表1.1に，代表的なイオンの例を，名称とともに示した．

図1.7 イオン

表1.1 イオンの表し方

イオンの名称	イオン式	価数
ナトリウムイオン	Na^+	1
カルシウムイオン	Ca^{2+}	2
酸化物イオン	O^{2-}	2
水素イオン	H^+	1
水酸化物イオン	OH^-	1
塩化物イオン	Cl^-	1

1-3　化学反応と熱の関係

「父さん，先週はしばらく家にいなかったよね．どこに出張にいってたの？」

「杜（もり）の都，仙台だよ．仙台の近くの塩釜というところで寿司を食べたんだけど，おいしかったよ．あっそうだ，移動の途中に食べた牛タンの駅弁もうまかったなあ…．さすが本場だね」

「食べ物の話ばっかりじゃない．四六時中，何か食べてるのね」
いつ仕事してるの？

「弁当の容器の底についているヒモを引っ張ると，すぐに容器から湯気が出てきて，弁当が温まるんだ」

「あ，それ知ってるよ．生石灰を利用したものだよね．生石灰はお節介だからなあ」

「（意味不明ね…）．火を使わずに加熱されるなんて，カイロに似てるね」

「カイロはまた仕組みが違うんだ．カイロの袋の中には鉄粉が入っていて，それが酸素や水と反応することにより発熱するんだよ」

「どちらも，うまく化学反応を利用している例ってわけね．化学変化が生じるのが化学反応なのよね？」

「その通り．一般に，化学反応が起こると必ず熱の出入りが生じるんだよ．紙が燃えるみたいに大きな熱が一気に出る場合もあれば，カイロみたいに，じわじわと小さな熱が出る場合もある」

「なるほどー．弁当もカイロも，化学反応の熱を利用したものだったのね」

◆ 化学反応には熱の出入りが伴う

化学反応が起こると，必ず熱の出入りを伴う．この熱を**反応熱**という．熱の出入りがなぜ生じるのか，式 (1.1) と式 (1.2) を使って考えてみよう（式 1.1 は再掲）．

$$2H_2 + O_2 \longrightarrow 2H_2O \tag{1.1}$$
水素　　酸素　　　　　水

$$2H_2O \longrightarrow 2H_2 + O_2 \tag{1.2}$$
水　　　　　　水素　　酸素

式 (1.1) と (1.2) の反応をエネルギーの大小で示すと図 1.8 のようになる．水に，ある大きさ以上のエネルギーを与えると，高いエネルギー状態に押し上げられて水素と酸素の混合気体 ($2H_2 + O_2$) に分かれる．このとき，エネルギーが取り込まれる（吸熱反応；図 1.8 の右側）．これが，式 (1.2) の反応である．

逆に，高いエネルギー状態にある混合気体 ($2H_2 + O_2$) が低いエネルギー状態の $2H_2O$ に変化すると，エネルギーを放出する（発熱反応；図 1.8 の左側）．これが，式 (1.1) の反応である．

具体的には，式 (1.1) は，水素と酸素の混合気体に火を付けると，大き

> **ワンポイント**
> **反応熱の種類**
> 反応熱にも種類があり，燃焼熱，生成熱，溶解熱，中和熱などがある．また，熱を放出する化学反応を発熱反応，逆に熱を吸収する場合を吸熱反応と呼ぶ．

ワンポイント

kJ（キロジュール）という単位

エネルギー（あるいは仕事）の大きさを表す単位をJ（ジュール）という．1N（ニュートン）の力で物体を1mだけ動かしたときに，その力がなす仕事が1Jであると定義されている．

$$1\,\mathrm{J} = 1\,\mathrm{N} \times 1\,\mathrm{m}$$

kJはその1000倍である（mとkmの関係と同じ）．

$$1\,\mathrm{kJ} = 1000\,\mathrm{J}$$

ジュールという呼び方は，仕事に関する実験を行ったイギリスの物理学者ジュール（J. Joule, 1818〜1889）の名前に由来する．

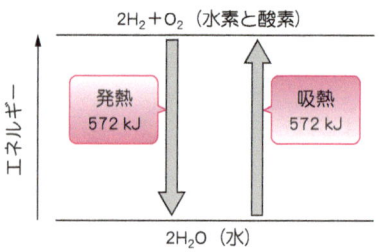

図1.8 発熱と吸熱の説明（数字は発熱量，吸熱量を示す）

な爆発音とともに反応して水になるという反応である（これを爆鳴気という）．このとき，大きなエネルギーが爆発というかたちで放出される．式(1.2)はその逆向きであり，外部からのエネルギーを水に与えて，水を分解する反応である．水の電気分解がこの反応に相当する．

◆ カイロや弁当で起こっている反応

鉄を放置しておくとどうなるだろうか．いずれ，赤茶色くなってさびてしまう．この変化も実は化学反応である．その反応の一つを式で書くと，次のようになる．

$$\underset{\text{鉄}}{\mathrm{Fe}} + \frac{3}{4}\underset{\text{酸素}}{\mathrm{O_2}} + \frac{3}{2}\underset{\text{水}}{\mathrm{H_2O}} = \underset{\text{水酸化鉄(Ⅲ)}}{\mathrm{Fe(OH)_3}} + 96\,\mathrm{kJ} \tag{1.3}$$

ちょいムズ　反応熱を化学結合から考える

図1.8における反応の前後のエネルギー差を，化学結合から考えることもできる．水素と酸素との分子間の距離 r を横軸に，エネルギー状態の大小を縦軸にとると，その関係は図1.9のようになる．水素と酸素が無限に離れた状態をエネルギーのゼロとしている．

この図から，水素と酸素が十分に離れた場合より，接近して距離 r^* を保ちながら，結合して水分子 $\mathrm{H_2O}$ を作るほうが低いエネルギー状態になっていることがわかる．図1.9の E に相当するエネルギーが式(1.1)の化学反応で起こる発熱量に相当する．逆に見ると，このエネルギーは水分子 $\mathrm{H_2O}$ を $2\mathrm{H}+\mathrm{O}$ に分解するのに必要なエネルギー（吸熱量）ともいえる（符号が逆になる）．また，水分子 $\mathrm{H_2O}$ は O-H の結合を2個もっているので，E の2分の1の大きさが O-H 間の結合エネルギー（結合力）ということになる（水分子については第5章で詳しく説明する）．

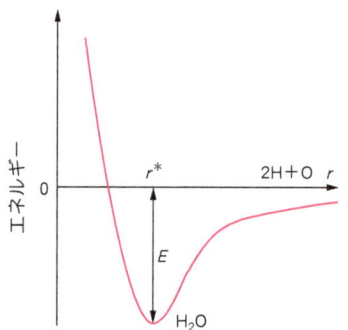

図1.9 水素と酸素の結合とエネルギー変化

鉄（Fe）が酸素（O₂）および水（H₂O）と反応して水酸化鉄（Ⅲ）（Fe(OH)₃）が生成するという反応であり，このとき熱が発生する．この反応はゆっくり起こるのでじんわりと熱が発生する．これを利用したのが携帯カイロである．

次に，「温まる弁当」で起きている反応を見てみよう．

$$\underset{\text{酸化カルシウム}}{\text{CaO}} + \underset{\text{水}}{\text{H}_2\text{O}} = \underset{\text{水酸化カルシウム}}{\text{Ca(OH)}_2} + 62.5\,\text{kJ} \tag{1.4}$$

生石灰（酸化カルシウム，CaO）と水（H₂O）が反応して水酸化カルシウム（Ca(OH)₂）ができるという反応であり，ここでも熱が発生する．この反応が，どのように弁当に使われているのだろうか．

弁当箱の底のほうに生石灰（CaO）が敷き詰めてあり，ヒモを引っ張ると，別に入っていた水がそこに加わり，急に発熱が起こる．生石灰の大きな溶解熱を利用することにより，温かい弁当が食べられるわけだ．ここでは，生石灰は水と直接に短時間に反応するので大きな発熱を示す．

一方，生石灰は乾燥剤としても使われ，お菓子，せんべい，海苔などの袋にも入っている．生石灰が空気中の水蒸気と少しずつ反応する場合は急激に発熱しないので，乾燥剤として利用できるわけである．

ワンポイント
鉄のさび

鉄の酸化によりできる「さび」は，Fe(OH)₃，FeOOH，Fe₂O₃，Fe₃O₄，未反応のFeなど，複数の種類の酸化物の混合物である．酸化水酸化鉄（Ⅲ）（FeOOH）は「赤さび」と呼ばれている．四三酸化鉄 Fe₃O₄ は熱い鉄を急冷したときにできる「黒さび」である．

ワンポイント
携帯カイロ

携帯カイロには，鉄粉に加えて食塩が入っていて，それに含まれる塩化物イオンCl⁻が触媒の働きをして燃焼がさらに進む．さらに，保水剤としてバーミキュライトなどが含まれている．

便利な携帯カイロ

ちょいムズ　熱化学方程式と熱力学の考え方の違い

式（1.3）や（1.4）のような式は，熱化学方程式と呼ばれている．すなわち，反応の方向を示す⟶を＝（等号）で置き換え，反応式の末尾に反応熱を記す．発熱の場合には＋，吸熱の場合には－の数値で表す．

一方，熱力学では，吸熱と発熱の扱い方と表現の仕方が異なる．たとえば，式（1.4）の反応は熱力学では

$$\text{CaO} + \text{H}_2\text{O} = \text{Ca(OH)}_2 \qquad \Delta H = -65.2\,\text{kJ}$$

のように表す．ΔH はエンタルピー変化と呼ばれる．

熱力学では，反応が起こっているところを架空の境界で「系」として区切り，系の外と内に分ける．系内を中心にして熱の出入りを考え，発熱をマイナスで，吸熱をプラスで示す（熱化学方程式と符号が反対になることに注意）．この例ではマイナスなので，発熱ということになる．これは，発熱により系のエネルギーが下がったことを表している．

1-4　冷蔵庫やクーラーの仕組みって？

「喉が渇いたなあ．冷蔵庫に何かいいものがあるかな….あ，よく冷えたお茶があるわ．冷蔵庫って便利ねえ．でも，どういう仕組みになってるんだろう？」

「基本的には，冷媒の体積変化による吸熱反応を利用してるんだ．汗をかいて風に当たると，スーッとするだろ？」

「注射のときのアルコールも同じようにスーッとするわ．なぜスーッとするんだろう…蒸発と関係あるのかなあ？」

「それは，この前，習ったよ．液体が気体に変わるとき，周囲から熱を奪うからスーッとするのさ．注射のアルコールも，蒸発して皮膚から熱を奪うので，冷たく感じるんだ」

「そういうこと．冷蔵庫は，その仕組みを利用して，冷媒っていうものを気体にしたり液体にしたり，また体積を変化させたりして，周囲の熱を奪うのさ」

「何となくわかったけど，難しいわね．何か身近な例はないの？」

「昔は，暑い日にはよく打ち水をしたもんだよ．これも同じ仕組みだな．水が蒸発するときに地面から熱を奪うのを利用して，少しでも気温を下げようってことなのさ」

「じゃあ，アトムの犬小屋の周りにも打ち水をしてあげようか．何だか喜んでるよ？」

「ハッハッ（打ち水ってうまいのか？）」

◆ 状態が変わるときにも熱が出入りする

物理変化の一つである**状態変化**のときにも，熱の出入り，すなわち発熱・吸熱が起こる．たとえば，氷（固体）が融解して水（液体）になるときには熱（融解熱）が吸収される（吸熱）．逆に，水が氷になるときは熱（凝固熱）が発生する（発熱）．同様に，液体の水が気体（水蒸気）になるときは熱（蒸発熱）が吸収され，逆に水蒸気が水になるときは熱（凝縮熱）が発生する．

これを式のかたちで表すと，以下のようになる．（固），（液），（気）は物質の状態（それぞれ固体，液体，気体）を表す．

⟵── LINK ──⟶
固体，液体，気体を物質の三態という．14章参照．

H_2O （固） = H_2O （液） − 6.0 kJ　　（吸熱・融解熱）
H_2O （液） = H_2O （固） + 6.0 kJ　　（発熱・凝固熱）
H_2O （液） = H_2O （気） − 44.0 kJ　（吸熱・蒸発熱）
H_2O （気） = H_2O （液） + 44.0 kJ　（発熱・凝縮熱）

水以外にも，状態変化により吸熱・発熱が起こる例は身近なところでも見られる．

$$C_2H_5OH \text{（液）} = C_2H_5OH \text{（気）} - 38.6 \text{ kJ} \tag{1.5}$$
（エタノール）　　　（エタノール）

$$\underset{\text{ドライアイス}}{\text{CO}_2\,(\text{固})} = \underset{\text{二酸化炭素}}{\text{CO}_2\,(\text{気})} - 25.2\,\text{kJ} \qquad (1.6)$$

$$\underset{\text{ヨウ素}}{\text{I}_2\,(\text{固})} = \underset{\text{ヨウ素}}{\text{I}_2\,(\text{気})} - 62.3\,\text{kJ} \qquad (1.7)$$

式 (1.5) はアルコールの一種であるエタノール (C_2H_5OH) が蒸発して気体になる反応で，それに伴う蒸発熱は吸熱となる．注射をする前に消毒用アルコールを塗ると冷たく感じるのは，この蒸発に必要な熱が皮膚から奪われるためである．

式 (1.6) は固体の二酸化炭素 (CO_2) すなわちドライアイスが，液体の状態を経ずに気体になる反応（昇華という）で，同じく吸熱が起こる．ドライアイスは $-78.5\,℃$ で昇華し，また結露のような現象もないので保冷剤として使われる．

式 (1.7) は固体のヨウ素 (I_2) が昇華する際に，吸熱（昇華熱）を示すことを表している．ドライアイスと同様の現象である．

これらは，物質を構成する原子・分子の集合状態の変化に伴う熱の出入りである．

グラスの中でドライアイスが昇華している様子．

◆ 冷蔵庫やクーラーはなぜ冷えるの？

物質の状態変化における熱の出入りをうまく利用しているのが，冷蔵庫やクーラーといえる．冷蔵庫もクーラーも，基本的な仕組みは同じである．冷蔵庫の裏側には放熱器があり，同様に，エアコンの室外機からは熱風が出ている．この熱が冷却の秘訣である．以下，その仕組みを探っていこう．

液体が気体に変わるときには吸熱（周囲から熱を奪う）が，逆に気体が液体に変わるときときには発熱（周囲に熱を放出する）が起こる．また，気体を容器につめて圧力をかけて体積を小さくすると温度が上昇し，逆に大きな容器に気体を放出すると温度が下がることも利用している．

昔の冷蔵庫では，アンモニアを満たした管が庫内に張り巡らされていた．このアンモニアは冷媒と呼ばれ，熱を伝えるのに重要な役目を果たしている．アンモニアは液体⇔気体の状態変化の際の熱の出入りが大きいので，冷媒として使われていた．

以下，「気化圧縮型」といわれるタイプを例にあげ，冷蔵庫の冷却の仕組みを説明する（図 1.10）．温度の高くなった気体（冷媒）に，コンプレッサー（圧縮機）を使って圧力をかけると，体積が縮まりさらに温度が高くなる．この，温度の高くなった冷媒を放熱器に移動させ，熱を発散させる（空気で冷やす）．冷やされた冷媒は気体から液体に変わり，このときに熱（潜熱）を放出するため，冷媒はさらに低い温度になる．次に，液体の冷媒は細

冷蔵庫はどういう仕組みで冷えるのか．

👉 ワンポイント
体積と温度の関係

体積と温度の関係を示す身近な例として，次の現象があげられる．自転車のタイヤの空気入れを使うとき，空気が圧縮されて熱くなるし，殺虫剤などのスプレーを噴射する（気体を放出する）と，容器の温度が下がって冷たくなる．

ワンポイント
現在の冷媒

現在，冷蔵庫の冷媒用のガスとしては，オゾンを破壊しないイソブタンなどが用いられており，オゾンを破壊するフロンの使用は禁止されている．オゾンの破壊については第15章参照．

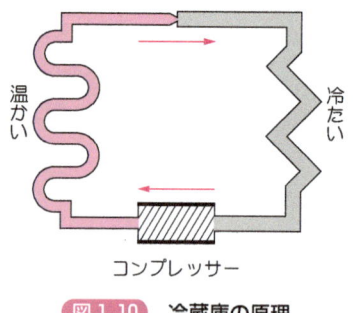

図1.10 冷蔵庫の原理

　い管から太い管に移動する．このとき急激に体積が増えるため，さらに冷媒の温度が下がる．この低い温度の冷媒を庫内の管に流すことにより，庫内が冷えるわけである．このとき，冷媒は吸熱のかたちで熱をもらい液体から気体に変化するため，周囲から熱を吸収して庫内はさらに冷えることになる．これが，冷蔵庫の基本的な仕組みである．

第2章 真水・お酢・石けん水の違いって？
— 酸性・塩基性の化学

　小学校で体験した「水溶液にリトマス試験紙をつけると赤くなったり青くなったりする」という理科実験を思い出してください．また，水溶液が「すっぱい」「苦い」，あるいは手に触れて「ヌルヌルする」というような経験はだれにもあるでしょう．これらの性質の違いはどこから来るのでしょうか？ それが，水溶液の液性，すなわち酸性・中性・塩基性です．

　われわれの身の回りには，酸性や塩基性の化学的性質に関係した現象がたくさん見られます．たとえば，雨が降った後，アサガオの花の色が部分的に変色する場合があります．また，アジサイの花の色が土壌の性質によって微妙に変化することもよく知られています．

　家庭で使う洗浄剤も，酸性あるいは塩基性の力によって汚れを取り除いています．また，食べ物や飲み物をおいしくするために，酸味を与えるなどいろいろな工夫がされていますが，これも水溶液の性質をうまく利用した例です．

　水溶液のもつ大切な性質である酸性・塩基性・中性について，化学の眼で眺めてみましょう．

2-1 酸性・塩基性の基本的性質

「みんな，朝ごはんができたわよ．今朝のサラダは，紫キャベツよ．とても色がきれいでしょう．お酢の入ったドレッシングをかけておくわね」

「お酢で思い出した．今日も，美容と健康のために，『飲むお酢』を飲まなくっちゃ．まあ，これ以上美人になっても仕方ないんだけどね（ゴクゴク）．飲むお酢とはいえ，ちょっと酸っぱいわね」

「それは，お酢が酸性だからだよ．酸とは，字のごとく『酸っぱい』ものなのさ．グレープフルーツやレモンなどの柑橘類も，酸性なんだよ」

「あれ，紫キャベツが少しずつ赤くなってきたよ？どうしてこうなるの？」

「それは，アントシアニンという色素のせいなんだ．アジサイの花の色が土の性質によって微妙に変化するのも，このアントシアニンを含むためなんだよ」

「アントニオ？」プロレスラーか？

「いや，アントシアニンね．この色が変わるという性質のため，指示薬としても使われるのさ．指示薬って知ってるだろう？小学校の理科でも出てくるはずだよ」

「何だったかなあ，えーっと…トーマスだっけ？」

「それじゃ，機関車だ…．リトマス試験紙ね．酸・塩基や，指示薬などは，身近なところにたくさんあるんだよ」

◆ 酸・塩基ってどんなもの？

水溶液は化学的性質により，酸性・中性・塩基性に分類することができる．また，酸性・塩基性を示す物質のことをたんに酸・塩基という．

酸は，「すっぱい味がする」，「酸は多くの金属と反応して水素ガスを発生する」，「リトマス紙を青から赤に変える」などの性質をもつ．一方，石けん水（塩基性）はヌルヌルする．これは，塩基が皮膚のタンパク質と反応するためである．したがって，強い塩基性を示す物質の取扱いには注意する必要がある．塩基はリトマス紙を赤から青に変える．

すっぱいレモンは酸性，ヌルヌル石けんは塩基性．

◆ 酸性・塩基性の原因となるイオン

次に，酸性，塩基性を厳密に定義してみよう．たとえば酸性を示すものに酢酸がある．この酢酸は水の中で，次のように分かれている．これを電離という．

$$\underset{\text{酢酸}}{CH_3COOH} \longrightarrow \underset{\text{酢酸イオン}}{CH_3COO^-} + \underset{\text{水素イオン}}{H^+} \qquad (2.1)$$

このときでてきた H^+（水素イオンという）が酸性を示す原因となるイオンである．

> **ワンポイント**
> **水溶液**
> 物質が水に溶けているとき，溶けている物質を「溶質」，溶かしている水を「溶媒」という．水を溶媒としている溶液が「水溶液」である．

一方，塩基性を示す物質には水酸化ナトリウムがある．石けんを作るときにも使われる物質である．この水酸化ナトリウムは，水の中では次のように分かれる．

$$\underset{\text{水酸化ナトリウム}}{\text{NaOH}} \longrightarrow \underset{\text{ナトリウムイオン}}{\text{Na}^+} + \underset{\text{水酸化物イオン}}{\text{OH}^-} \quad (2.2)$$

今度は OH^-（水酸化物イオンという）が出ているのがわかるだろう．この OH^- が塩基性を示す原因となるイオンである．

以上をまとめると，酸と塩基は次のように定義される．

酸　：水溶液中で電離して H^+ を出す物質
塩基：水溶液中で電離して OH^- を出す物質

これを**アレニウスの酸・塩基の定義**という．

式 (2.1)，(2.2) は両方とも水の中で起こっている反応で，実際はもっと複雑である．酢酸では式 (2.1) の反応は少しだけしか起こっておらず，したがって H^+ はあまりたくさん出ない．これを，弱酸性という．式 (2.2) の水酸化ナトリウムでは，反応が活発に起こって OH^- が多く出るので，これを，強塩基性という．このように，酸性と塩基性には，強い場合と弱い場合がある．

強酸性，弱酸性，強塩基性，弱塩基性を示す物質の例を表 2.1 に示した．価数については次項を参照．

表 2.1　酸と塩基の強さと価数

酸の名前（化学式）	強さ	価数
塩酸（HCl）	強酸	1 価
酢酸（CH₃COOH）	弱酸	1 価
硫酸（H₂SO₄）	強酸	2 価
炭酸（H₂CO₃）	弱酸	2 価

塩基の名前（化学式）	強さ	価数
水酸化ナトリウム（NaOH）	強塩基	1 価
アンモニア（NH₃）	弱塩基	1 価
水酸化カルシウム（Ca(OH)₂）	強塩基	2 価

◆ 酸・塩基の価数とは

ある酸の 1 分子（1 粒子）が水に溶けているときに出す H^+ の数が酸の価数である．塩基（アルカリ）の場合も同様で，OH^- の数が塩基の価数である．たとえば酢酸は 1 価の酸（式 2.1），硫酸は式 (2.3) のように 2 個の H^+ を出すので 2 価の酸である．

また水酸化ナトリウムは 1 価の塩基（式 2.2），水酸化カルシウムは 2 価の塩基となる（式 2.4）．アンモニア（NH_3）は化学式の中には OH は含ん

ワンポイント
アルカリ性
アルカリ性という言葉は水溶液の場合に用いられ，一般的には塩基性という．小学校や中学校の理科では，水溶液をおもに取り扱うので，アルカリ性という言葉が用いられる．なお，アルカリはアラビア語で灰を意味し，草木灰を水に溶かしてできた液をアルカリと呼んでいた．これが現在のアルカリの語源である．

ワンポイント
水中の水素イオン
塩酸，硫酸などの酸は，水の中では「オキソニウムイオン H_3O^+」のかたちで存在する．

S. Arrhenius
1859～1927．スウェーデンの物理化学者．

ワンポイント
水中のアンモニア
昔の教科書にはアンモニアが水に溶けると NH_4OH になると書かれていたが，今は NH_4OH のかたちにはなっていないことが測定により確かめられている．

でいないが，水に溶けやすく，水の中ではOH^-を一つ出すので1価の塩基である（式2.5）．

$$H_2SO_4 \longrightarrow SO_4^{2-} + 2H^+ \tag{2.3}$$

$$Ca(OH_2) \longrightarrow Ca^{2+} + 2OH^- \tag{2.4}$$

$$NH_3 + H_2O \longrightarrow NH_4^+ + OH^- \tag{2.5}$$

表2.1に代表的な酸と塩基の価数が示してある．

◆ 酸性・塩基性を調べる指示薬

水溶液を酸性・中性・塩基性に分類する際に必要な**指示薬**についてまとめてみよう．指示薬は，ごく少量で液性により敏感に異なる色を示す化合物をいう．いろいろな指示薬の性質をまとめると表2.2のようになる．

表2.2 いろいろな指示薬

指示薬	酸 性	中 性	塩基性
リトマス試験紙	青リトマス→赤	変化なし	赤リトマス→青
BTB溶液	黄色	緑色	青色
フェノールフタレイン	無色	無色	赤色
紫キャベツ	赤色	紫色	青，緑，黄色

ちょいムズ　酸性・塩基性の強さを表すpH

酸性，塩基性の強さを表す尺度としてpH（ピーエッチ）がある．これは，水溶液の場合，水の中に含まれる水素イオンH^+の量によりpH = 0から14の値で示される．pH = 7の場合が中性，pHの値が7より小さい場合が酸性，大きい場合が塩基性である．

pHは，酸性を示す原因となる水素イオンH^+の濃度$[H^+]$によりその値が決まる．水素イオン濃度とpHの関係は

$$pH = -\log_{10}[H^+]$$

となる．すなわち，$[H^+] = 10^{-n}$ mol/Lとしたときのnの値がpHになる．

たとえば，中性のときはpH = 7なので，水素イオン濃度$[H^+]$は10^{-7} mol/Lである．また，pH = 2の場合，$[H^+] = 10^{-2}$ mol/Lである．

このように，酸性・塩基性の強さを表すのがpHで，まとめると

　pHが7より小　　酸　性
　pHが7のとき　　中　性
　pHが7より大　　塩基性

となる．水素イオン濃度$[H^+]$は$1 \sim 10^{-14}$という非常に広い範囲の値をとるので，このように指数表現を使って数値を表している．なお，塩基性を示す水酸化物イオンの濃度とは，$[H^+][OH^-] = 1.0 \times 10^{-14}$ (mol/L)^{2}の関係にある．

ここで，濃度を表す単位mol/Lについて説明する．mol/Lは溶液1 L（リットル）中に含まれる物質量 (mol)を示す単位であり，モル濃度と呼ばれる．化学でもっともよく使われる濃度の単位である．

リトマス試験紙は，もともと地中海地方でとれるコケの一種（リトマスゴケ）の抽出液を浸み込ませて作ったのが始まりで，今では同じ色素が合成され使われている．また，身近な物質で指示薬の役目をするものとして，紫キャベツのしぼり汁に含まれる色素がある．この紫キャベツのしぼり汁を使って，身近な水溶液を分類することもできる．紫キャベツには，アントシアニンという色素が含まれ，液性により表2.2のように異なる色を示す．

　この色素を含むものに，ツツジ，アジサイ，パンジーなどの紫色の花弁，また紫イモ，巨峰の皮などがあり，いずれも指示薬として使うことがでる．アジサイの色が土の性質（酸性土壌あるいは塩基性土壌）によって微妙に変化するのはこのためである．もっと身近な指示薬として，紅茶も利用できる．紅茶にはタンニンが含まれているため，塩基性では紅茶の茶色が濃くなり，酸性の液では薄くなる．

こんなところにも指示薬が．

2-2　身近にある酸性・塩基性の物質

「なるほど．紫キャベツにお酢をかけると，あざやかな赤色になったのは，酸性のお酢によって，紫キャベツに含まれる色素が赤色になったからなのね」

「そうなのさ．紫キャベツにはアントシアニンという色素が含まれていて，これは，液性により構造が変わって色も変わるんだよ」

「なるほどねえ．じゃあ，お酢も飲み終わったことだし，顔を洗ってくるわ．内側からだけじゃなく，外側からもきれいにしないとね」

「……．そういえば，姉さんの使ってるチョー高い洗顔フォーム，内緒で使ってみたんだ．弱酸性って書いてあったよ」

「洗顔フォームには弱酸性のものもあるけど，昔ながらの石けんは弱塩基性なんだよ．塩基はタンパク質と反応する性質があるから，塩基性の水で手を洗うと，皮膚の表面にある角質が溶かされて，ヌルヌルした感じがするんだよ」

「なるほど．ヌルヌルした感触は，塩基の特徴ってわけね」

「てことはもしかして…．この前いってきた温泉，『美人の湯』とか名前が付いてたけれど，塩基性の温泉だから肌がすべすべしただけだったのね．何だか騙された気分ね」

そういえば，洗顔フォームが減ってたような

◆ pHによって身近な物質を分類

　まず，身近にある物質から酸，塩基を探してみよう．たとえば，料理に使う食酢は酸性，石けんは塩基性を示す．もう少し詳しく，pHの値を使って身近な水溶液を分類したのが表2.3である．pHとは水素イオン（H^+）の濃度を表す指標であり，この値が大きいほど塩基性が強く，小さいほど酸性が強い．詳しくは前ページの〈ちょいムズ〉を参照．

表2.3 pHによる酸性，塩基性の分類

水溶液	胃液	食酢	レモン	炭酸水	蒸留水	牛乳	純水	血液	海水	石けん水	草木灰の水	換気扇用クリーナ
pH	1.5	2	3	4	5.7	6.5	7	7.5	8.3	9.5	12	13.5

←強い酸性　　　　　　　　　　　中性　　　　　　　　　　　強い塩基性→

◆ 梅干しは身近な酸性物質

弁当によく入っている梅干しは，どうやって作るのだろうか．梅をしその葉に浸けると赤くなり，それを干すと梅干しができる．しその葉は，紫キャベツと同じアントシアニンの色素をもっていて，梅に含まれるクエン酸という酸により梅が赤くなるのである．梅干しがすっぱいのもクエン酸が含まれるためである．

グレープフルーツジュース，レモン水などの柑橘類にもクエン酸が含まれおり，酸性を示す．一般に，すっぱい味がする飲み物には酸性の原因であるH^+が含まれている．スポーツドリンクにも，飲みやすくするためクエン酸が入れられている．

シュワッとおいしい炭酸も身近な酸である．炭酸は二酸化炭素の水溶液で，次のようにH^+を出すので弱酸性を示す．

$$\underset{炭酸}{H_2CO_3} \longrightarrow \underset{炭酸水素イオン}{HCO_3^-} + \underset{水素イオン}{H^+} \tag{2.6}$$

雨水には二酸化炭素が溶けており，通常はpH＝約5.6を示す．これよりもpHが小さい雨が酸性雨である．詳しくは第15章で述べるが，硫黄や窒素の酸化物により，硫酸や硝酸などの酸性物質が雨に溶けるためである．

われわれの身体でいえば，胃の中では塩酸（胃酸といわれpH＝2を示す）が作られており，食べ物を消化している．一方，小腸は弱塩基性に保たれ，消化酵素の働きを促している．身体の中では，微妙にpHを調整されることにより，各器官の機能が保たれている．

◆ 身近な塩基：石けん，アンモニア

石けんは水に溶けると塩基性を示す．石けんがヌルヌルするのは，塩基性の水溶液が，タンパク質である皮膚と反応する性質をもつためである．

台所で使った油を用いて，石けんを作ることができる．まず廃油をろ過して不純物を取り除き，これに水酸化ナトリウム（苛性ソーダと呼ばれていた）を温めながら加えて混ぜると，石けんができる．

アンモニアは，刺激臭のある液体で蒸発しやすい．1.1でも述べたが，水によく溶け塩基性を示す．虫刺されに使う薬品にはアンモニアが含まれてい

身近な酸性物質の梅干し．

ワンポイント

無機酸と有機酸について

酸は無機酸と有機酸に分けることもできる．カルボキシ基（−COO⁻H⁺）を含み，酸性を示すのが有機酸で，クエン酸，酢酸がその例である．それ以外の酸を無機酸という．塩酸や硫酸は無機酸である．

ワンポイント

食品の酸性，アルカリ性

食品の酸性，アルカリ性は，食品を燃やして灰にし，それを水に溶かしたときの液性で決まる．野菜，海藻などは，金属成分が多く，アルカリ性を示す．肉，魚，卵などは，金属成分が少なく，リン，硫黄，塩素などが多いので，酸性を示す．

しかし，体内ではどのように消化されていくのかまだわかっていないことが多く，酸性食品，アルカリ性食品が必ずしも体内で酸やアルカリとして作用しているわけではない．したがって，アルカリ性食品，酸性食品などの表現は，現在あまり使われていない．

——LINK——

石けんについての詳しい説明は第4章参照．

るが，これは，かゆみなどを与える物質（ギ酸など）を塩基性のアンモニアで中和するためである．

←―― LINK ――→
中和については2-4を参照．

▶ 2-3　洗剤・洗浄剤にもいろいろある

「あ，兄さん，トイレにいっちゃったの？　あ～ん，また先にいかれちゃった～．私より先に入らないでっていってるのに～」

「昨日，トイレをピカピカにしたところなのに…．でも，トイレ用の洗剤って，台所用の洗剤とは違うのかしら？」

「トイレ用の洗浄剤には塩酸などの強い酸性物質が使われているのさ．同じ洗浄剤でも，台所用は塩基性，トイレ用は酸性なんだよ」

「洗剤の話で盛り上がってるね？　でも，お陰様で今日も快便だったよ」誰のお陰だ？

「はぁ～，トイレはちょっと我慢して，キッチンの掃除でもしておくわ．台所周りの洗浄剤は…あ，これね．重曹クリーナーって書いてるけど，重曹って何？　兵隊さんみたいだね」

「それは軍曹だよ…．重曹ってのは炭酸水素ナトリウムという化合物のことだ．入手しやすく無毒で，水に溶かすと塩基性になって洗浄効果があるから，洗浄剤として使われるのさ」

「大阪の私鉄の駅の名前と一緒だけど，重曹ってなかなか使えるヤツね」
会社の同僚に，そこに住んでるのがいるのよ

「また，ローカルなネタね…」

◆ 台所や風呂場で使われる洗剤

　台所や風呂場にある洗浄剤も，酸性，中性，塩基性に仲間分けができる．

　まず，トイレの洗浄剤には塩酸などの強い酸性物質が使われており，pH＝2程度の強い酸性を示す．強い酸性にしているのは，おもにカルシウムなどを含む汚れの原因になっている化合物を溶かすためである．

　一方，換気扇用あるいはパイプ用洗浄剤には，水酸化ナトリウムなどの強い塩基性物質が含まれている．これは，すでに説明したように，塩基性の物質にはタンパク質を溶かす性質があり，パイプに詰まった食べ物の残りなどを取り除くことができるためである．

　またカビ取り剤には，カビの成分を取り除くために塩基性物質が含まれているのに加え，漂白効果のある塩素系の薬品も含まれている．

◆ 洗濯用の漂白剤

　塩素は非常に水に溶けやすく，水と反応して生じた次亜塩素酸（HClO）を生じる．この次亜塩素酸が殺菌作用と漂白（脱色）作用をもつので，カビ取り剤や漂白剤に使われる．

洗剤の液性にはいろいろある．

👆 ワンポイント
カビ取り剤
カビ取り剤には，おもに水酸化ナトリウムと次亜塩素酸ナトリウムが含まれている．このうちの次亜塩素酸ナトリウムが水に溶け，漂白作用，殺菌作用を示す．

20　2章 ◆ 真水・お酢・石けん水の違いって？　―酸性・塩基性の化学

ワンポイント
塩素ガス
次亜塩素酸に酸が作用すると，次の反応により塩素ガスが発生する．

HClO + HCl
　　　⟶ Cl₂ + H₂O

もし間違って塩素系のカビ取り剤に，酸性のトイレ洗浄剤などを混ぜると，有毒な塩素ガスが発生するのでたいへん危険である．洗浄剤の容器に「…と混ぜると危険」と書いてあるように注意が必要である．

◆ さまざまな用途がある重曹

最近は，台所周りの洗浄に比較的安全な重曹（じゅうそう）が使われている．これは，重曹が入手しやすく無毒であり，水に溶かすと弱塩基性を示し洗浄効果があるためである．

重曹は炭酸水素ナトリウム（NaHCO₃）を主成分としており，熱分解すると

2NaHCO₃ ⟶ Na₂CO₃ + H₂O + CO₂
炭酸水素ナトリウム　　炭酸ナトリウム　水　二酸化炭素

の反応が起こる．約 50℃ 付近で分解が始まり，このとき二酸化炭素を発生するので，ホットケーキなどを作るときに，ベーキングパウダー（ふくらし粉）として利用されるのである．

ワンポイント
炭酸水素ナトリウム
炭酸水素ナトリウムは水溶液中では次のように OH⁻ を生じるため，pH = 8.3 の弱塩基性を示す．この性質が，胃酸過多症の胃酸の中和に用いられている．

HCO₃⁻ ⟶ H⁺ + CO₃²⁻
CO₃²⁻ + H₂O
　　　⟶ H₂CO₃ + OH⁻

▶ 2-4　身近に利用されている中和反応

「今日は山菜ご飯も作ったのよ．おいしそうでしょ．そういえば，山菜のアク抜きにも重曹を使ったわ．さっきの台所洗剤も重曹クリーナーだったわよね」

「ホントだ．キッチンを洗うのに使うようなものを食べ物に使っていいのかなあ？」

「重曹が山菜のアク抜きに使われるのは，山菜のエグ味の原因がシュウ酸などの酸性物質だからなのさ」

「重曹と混ぜると，エグ味の原因の酸性物質が消えるの？」

「消えるわけじゃないんだけど，変化して中性になるのさ．これを中和っていうんだよ．この場合は，エグ味を重曹で中和したってことだね」

「誰が『ちゅうわした』って？」

「？　どうしたの，急に？」どこから現れた？

「昨日はカレと会ってないから，誰ともチューはしてないわよっ」

◆ 酸と塩基を混ぜる「中和」

ワンポイント
塩基という言葉の語源
酸に加えると「塩」を生成する「基」になるものとして，「塩基」という言葉ができた．

酸と塩基を混ぜるとどうなるのだろうか．酸と塩基を混ぜると，その性質は相殺される（打ち消しあう）．これを**中和**という．酸の原因である水素イオンと塩基の原因である水酸化物イオンが反応し，水が生じる．

たとえば，酢酸と水酸化ナトリウムを混ぜると，次のような化学反応が起こる．

$$\underset{\text{酢酸}}{\text{CH}_3\text{COOH}} + \underset{\text{水酸化ナトリウム}}{\text{NaOH}} \longrightarrow \underset{\text{酢酸ナトリウム}}{\text{CH}_3\text{COONa}} + \underset{\text{水}}{\text{H}_2\text{O}} \qquad (2.7)$$

この酢酸ナトリウムのように，中和反応のときに水とともに生じる物質を**塩**（えん）と呼ぶ．すなわち，酸と塩基を混ぜると，中和反応が起き，塩と水ができる．

◆ ブレンステッドの酸・塩基の定義

中和反応の例をさらにあげよう．アンモニアの入ったビンの栓をはずすと，アンモニアの蒸気が出てくるが，そこへ塩酸を近づけると，白い粉が析出する．これは塩化水素とアンモニアの中和反応により，塩化アンモニウム（白い固体）ができたためである．反応式で表すと，次のようになる．

$$\underset{\text{アンモニア}}{\text{NH}_3} + \underset{\text{塩化水素}}{\text{HCl}} \longrightarrow \underset{\text{塩化アンモニウム}}{\text{NH}_4\text{Cl}} \qquad (2.8)$$

式（2.8）の反応では，水は生成していない．デンマークのブレンステッドは，2.1で述べたアレニウスによる定義を拡張して，酸・塩基を次のように定義した．

酸 ：水素イオン H^+ を与える物質
塩基：水素イオン H^+ を受け取る物質

このように水素イオンの受け渡しで定義すると，式（2.8）では，H^+ が HCl から NH_3 に移動しているので，水が生成しなくても中和反応が起こったことになる．

$$\underset{\text{アンモニア}}{\text{NH}_3} + \underset{\text{塩化水素}}{\text{HCl}} \longrightarrow \underset{\text{塩化アンモニウム}}{\text{NH}_4\text{Cl}}$$

◆ こんなところにも中和反応が

次に，身近に利用されている中和反応の例を紹介しよう．

料理には，山菜などのエグ味を消す手法があり，これを「アク抜き」という．エグ味はシュウ酸など物質が原因である．これに塩基性を示す草木灰や重曹などを混ぜると，苦味などの原因になっている酸性物質が中和され，おいしく食べることができる．これがアク抜きである．

中和という言葉も知らずに，長い年月を経て日本人が考え出した，化学の知恵を集めた料理方法ともいえる．

ワンポイント

塩酸と塩化水素

塩酸とは，塩化水素を水に溶かしたもの，すなわち塩化水素の水溶液である．

J. Brønsted

1879～1947．デンマークの物理化学者．

ワンポイント

塩 の 液 性

中和反応によって生成した塩は，必ずしも中性を示すわけではない．たとえば，式(2.7)の中和反応で生成した酢酸ナトリウムは，水と反応して

$$\underset{\text{酢酸イオン}}{\text{CH}_3\text{COO}^-} + \underset{\text{水}}{\text{H}_2\text{O}}$$
$$\longrightarrow \underset{\text{酢酸}}{\text{CH}_3\text{COOH}} + \underset{\text{水酸化物イオン}}{\text{OH}^-}$$

となるので，水溶液は塩基性を示す．

# 衣服は第二の皮膚
― 衣服の化学

　動物の中で（自発的に）衣服を着ているのはヒトだけです．毛が退化して皮膚が露出したことで，衝撃から身を守ったり，体温を調節したり，皮膚をきれいに保つために必要になったからです．恥ずかしいという気持ちもあったでしょう．

　ヒトは毎日衣服を着て生活しています．このため衣服は「第二の皮膚」であり，ヒトにとってもっとも身近な環境ともいえるでしょう．このような衣服を作るための材料には何が使われているのでしょうか．答えは，いうまでもなく「布＝繊維集合体」です．ヒトが布でできた服を身に付け始めたのは1万年以上前といわれていますが，現在も布以外の衣服材料は登場していません．つまり，衣服の材料は布以上でもなく布未満でもないのです．それはなぜなのでしょうか．

　布が衣服材料として最適である理由は，繊維と空気（すき間）の二つからできているからです．また，最近はハイテク技術を駆使した繊維素材が次々と開発されています．ここでは，衣服の秘密を解き明かしていきます．

3-1　衣料用の繊維にもいろいろある

「みんな，今日の予定はどうなってたっけ？ 父さんと理科雄と陽子はテニスにいくのよね．量子はどうするの？」

「私は夕方からカレシと映画を見にいくわ．何を着ていこうかなあ．今日は風が強いから，風を通さない目のつまった上着をはおっていこうかな」

「私は午前中は家にいるから，ゆったりとした肌触りのいい服がいいわねえ」

「いろんな場面にあわせて，いろいろな服があるけど，その形や使われている繊維には，ちゃんと理由があるのね．でも，そもそも繊維ってどんなものなんだろう？」

「繊維は，細くて長い形をした高分子の束さ．繊維の直径は1mmの数十分の1くらいで，どうにか目に見える程度だ．でも長さは数cm以上ある」

「繊維を作っている高分子って，具体的にどんなものなの？」

「たとえば植物繊維の綿や麻はセルロース，動物繊維の羊毛や絹はタンパク質だね．そういう自然の繊維以外にも，石油などを原料にして分子を合成して作った繊維がある．おもなものはナイロン，ポリエステル，アクリルだ」

「へぇ，石油から高分子を作ることができるんだ？」

「簡単にいうと，同じ分子を多数つなげて長い分子にするんだ．場合によっては2種類の分子を交互につなげる場合もあるんだよ」

「化学の力ってすごいのね」

場面に応じた衣服を着よう．

◆ 人はなぜ服を着るのだろう

　衣服の着用目的は，おもに生理的な目的と，社会・心理的な目的に大別できる．生理的な目的には，体温を調節する，衝撃から身体を守る，皮膚をきれいに保つ，動きやすくする，などがある．一方，社会・心理的な目的には，個性の表現，冠婚葬祭や背広などの社会慣習，制服の着用による職業や集団の表示などがあげられる．たとえば，葬儀のときは喪服，就職活動には黒のスーツ，学校にいくときはスクールウェアを着用するというようなことである．

　衣服がこれらの多くの目的を満たすためには，それを作る材料にも快適性など多くの性能が必要である．このような材料として，私たちの祖先は，一万年以上も前に繊維から布（繊維集合体）を作ることを考えついた．

◆ 繊維の作り方と布の構造

　繊維は細長い分子（**鎖状高分子**という）でできており，液体にして小さな孔から押し出し，延ばしながら固めて作る．これを**紡糸**というが，この過程で分子が平行に並んだ密な部分と分子が乱れている疎な部分が交互にできる

（図 3.1）. 密な部分が多い繊維は力学的に強く, 融点が高く, 薬品に強くなる. 一方, 疎な部分が多いと, 伸びやすく, 吸湿しやすく, 染まりやすくなる.

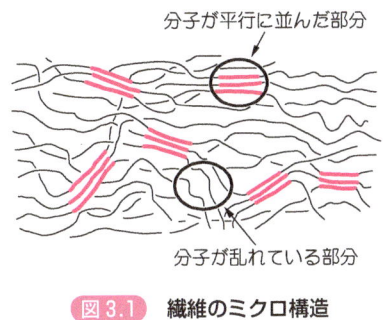

図 3.1 繊維のミクロ構造

この繊維を撚り合わせて糸にし, その糸を織ったり編んだりして作るのが**布**である（図 3.2）. 布は繊維とすき間（空気）からできていて, 繊維の種類や布の構造（織り方や編み方）を変えることにより, いろいろな性能が得られる. たとえば, フィット性のよい布を作るには, よく伸び縮みする繊維を使い, 編構造（ニット）にすればよい. また, 汗をよく吸う布を作るには, 水で濡れやすい, つまり親水性の繊維を使い, 布のすき間をできるだけ増やせばよい. なぜなら, 汗は繊維や糸のすき間に吸い込まれていく（これを毛細管現象という）からである. ただし, 親水性の繊維は文字通り水を取り込みやすいので, どうしても乾きが遅い. そのため, 合成繊維のような濡れにくい, つまり疎水性の繊維を使い, 糸や布の構造を工夫して大量のすき間を作ると「よく汗を吸ってすぐ乾く」優れた布を作ることができる.

> **ワンポイント**
>
> **綿繊維**
>
> 綿繊維は真ん中に孔が空いていて, 水が吸い込まれるので乾きが悪い.

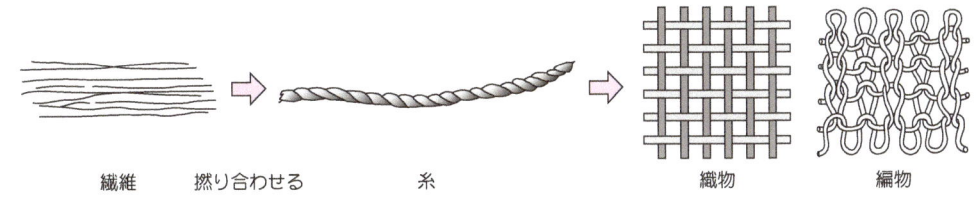

図 3.2 布の構造

「はじめて学ぶ繊維」（工業調査会）p. 29 より引用, 改変.

◆ 衣料用繊維にはどんなものがあるの？

衣服に使われている繊維には, 自然界から見つけ出した素材からなる**天然繊維**と, 人間が化学の力で作り出した**化学繊維**がある. 天然繊維のおもなものは植物由来の綿と麻, 動物由来の羊毛と絹である. 化学繊維には天然のセ

ルロースを紡糸したもの（**再生繊維**），セルロースを酢酸と反応させてから紡糸したもの（**半合成繊維**），石油などから合成した高分子を紡糸したもの（**合成繊維**）がある．

おもな衣料用繊維の性質を表3.1にまとめた．

表3.1 繊維の種類と性質

繊維の分類	繊維名	性質
天然繊維	綿	吸水・吸湿しやすい，しわになりやすい，肌にやさしい
	麻	吸水・吸湿しやすい，しわになりやすい，はりと光沢がある
	羊毛	吸湿しやすい，水をはじく，しわになりにくい，伸縮性がよい，保温性がよい，アルカリに弱い，紫外線で黄ばみやすい，虫害にあいやすい
	絹	吸水・吸湿しやすい，染色性がよい，しなやかで光沢がある，アルカリに弱い，紫外線で黄ばみやすい，虫害にあいやすい，毛羽立ちやすい
再生繊維	レーヨン	吸水・吸湿しやすい，しわになりやすい，毛羽立ちやすい
半合成繊維	アセテート	伸びやすい，引っかけると破れやすい，アセトンに溶ける
合成繊維	ナイロン	しわになりにくい，軽い，すり切れにくい
	ポリエステル	しわになりにくい，丈夫である，静電気を帯びやすい
	アクリル	羊毛に近い風合いをもつ，燃えやすい
	ポリウレタン	伸び縮みしやすい，もろくなりやすい

◆ 羊毛繊維が優れた繊維である理由

天然繊維は形態が複雑である．例として，羊毛の構造を示す（図3.3）．繊維の表面は，うろこ状のスケールと呼ばれるもので覆われている．これは疎水性のタンパク質で，きわめてよく水をはじく．また，塩基の入った水中

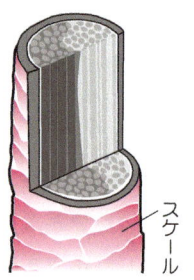

図3.3 羊毛の構造

ではスケールの先端が開き，繊維どうしが絡み合う．これをフェルト化と呼ぶ．この性質を利用して，羊毛繊維をシート状に積み重ね，アルカリ水の中で揉んで繊維を絡ませることで布状の形態にしたものがフェルトである．また，羊毛繊維の内部は2種類の異なったタンパク質が貼り合わさっているため，繊維は曲がりくねり，伸縮性や保温性がきわめてよい．

繊維を作る分子の構造

繊維を作る鎖状高分子は，ある基本の構造が繰り返しつながったものである．

たとえば，綿，麻，レーヨンはセルロースという分子でできている．セルロースは，図3.4に示すようにグルコースがいくつも結合したもので，ヒドロキシ基（-OH）を多く含み水分子と水素結合しやすく，親水性繊維と呼ばれている．そのため，吸湿性や吸水性がよい．また，ヒドロキシ基は繊維の中ではセルロース分子どうしを結合させる役目をもっている．この結合は吸湿すると切れやすいので，着ている間に切れたり結合したりを繰り返す．このため，これらの繊維はしわができやすい．

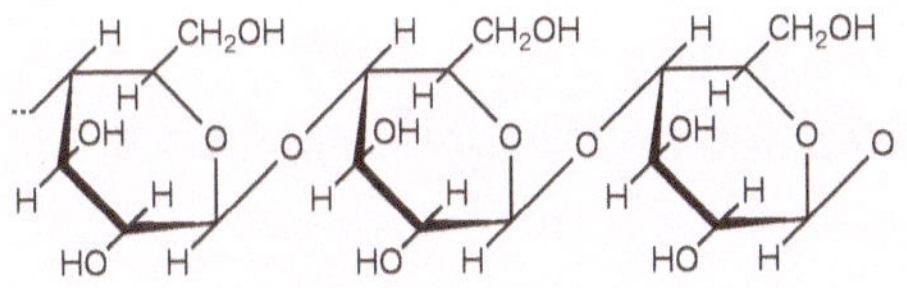

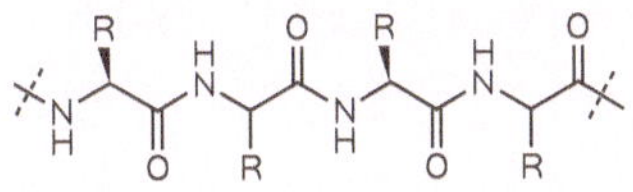

図3.5 タンパク質の一般的構造

図3.4 セルロースの構造

羊毛や絹などの動物性の繊維はタンパク質でできている．タンパク質はアミノ酸がつながったもので（第8章の8-3参照），カルボキシ基（-COOH）やアミノ基（-NH$_2$）をもつ（図3.5）．羊毛と絹ではアミノ酸の種類や割合がかなり異なるので，まったく違った性質を示すのである．

タンパク質繊維は，吸湿性や染色性が大きいが，アルカリや紫外線に弱く，虫に食われやすく，カビが発生しやすいので，取扱いに注意を要する．

ナイロンは，1938年にアメリカのデュポン社により工業化された人類初の合成繊維で，タンパク質と似た構造をしている．ナイロンの発明後，次々と合成繊維が作られた．

このうち，ナイロン，ポリエステル，アクリルは，三大合成繊維と呼ばれている（図3.6）．合成繊維は丈夫でしわになりにくいが，疎水性であるため吸湿性に乏しく，静電気がたまりやすい．

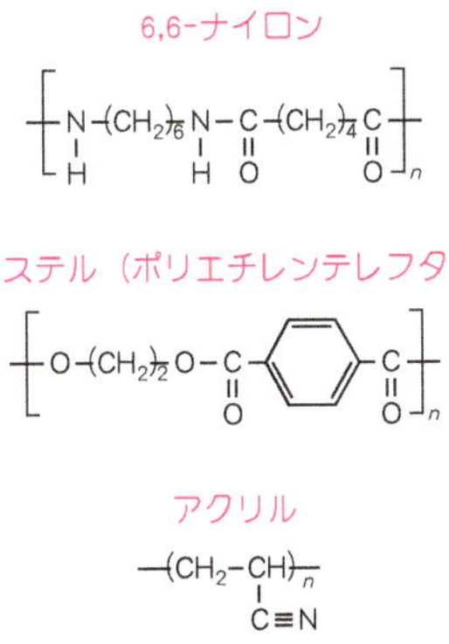

6,6-ナイロン

ポリエステル（ポリエチレンテレフタレート）

アクリル

図3.6 三大合成繊維の構造

3-2 繊維に色を付けるには？

「私は午前中は家で過ごすわ．最近，草木染めにハマってるのよ．植物の葉，茎，根，花，実などを煮出した液に布を浸して色を付けるの．とくに絹はとてもきれいに染まるわ」

「絹を染めるのは，息抜き（いきぬき）になるだろうねぇ」

「そ，そうね…．でもポリエステルはうまく染まらないのよ．どうして染まる繊維と染まらない繊維があるんだろう？」

「さっきもいったように，繊維は細長い分子の束だから，分子と分子の間にはすき間があって，そこに色の付いた分子が入り込むんだよ．繊維と染料を水で煮ると，繊維のすき間が広がって色の分子が入り込み，繊維の分子と結合する．これが染まるということなんだ」

「じゃあ，染まらないのはどんな場合？」

「たとえば，繊維のすき間が小さすぎて染料分子が入らない場合や，染料分子と繊維の分子が結合しない場合だよ．結合が起こるかどうかは繊維と染料の化学構造で決まる．つまり，繊維と染料には相性の良し悪しがあるというわけさ」

「私はどちらかというと，染めるよりも染められるほうね」

「どういうこと？」

「私の殺し文句は『あなた色に染めて♥』なの」

> **ワンポイント**
> **ミョウバンで色止め**
> タマネギの皮で繊維を染めた後は，ミョウバンで色止めをする．これは，ミョウバンに含まれるアルミニウムが強い結合を作るためである．

◆ なぜ布は染まるんだろう

3-1で述べたように，繊維は細長い分子が束になってできている．図3.7に示すように，「染まる」とは染料の分子が繊維内部の分子のすき間に入り込んで，繊維の分子と結合することをいう．したがって，繊維と染料の間にはそれぞれの化学構造によって「染まる・染まらない」の組合せがある．また，染色のときに温度を上げると繊維分子のすき間が広がり，染まりやすくなる．

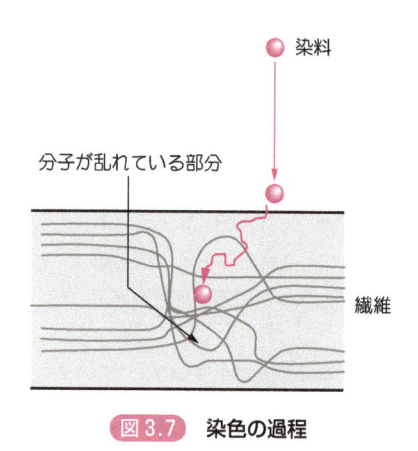

図3.7 染色の過程

◆ 天然も合成も——いろいろな染料

　人間は昔から糸や布を染めるのに自然界にあるいろいろな**色素**（**天然染料**）を用いてきた．動物由来の貝紫やコチニール，植物由来のアカネやアイ，鉱物由来のミネラルカーキなどがある．アカネとアイの色素成分はそれぞれアリザリンとインジゴであり（図3.8），現在では合成されたものが使われている．

　合成染料はいくつかのグループに分けられる（表3.2）．バット染料は水に溶けないので，染色する前に還元して水溶性にし，染色後に空気酸化を行って発色させる．分散染料は水に溶けないが，圧力釜で加熱（約130℃）すると，微粒子のまま繊維の中に溶解して染まる．反応染料は繊維の分子と強く結合するので色落ちしないという特徴をもつ．なお，p.27の〈ちょいムズ〉で述べたように，綿，麻，レーヨンの主成分はセルロースである．また，羊毛，絹の主成分はタンパク質で，ナイロンはこれと似た構造をしている．

　表3.2のそれぞれのグループが同じ染料で染まるということは，染色に化学結合が働いている証拠である．

> **ワンポイント**
> **インジゴ**
> 合成インジゴはジーンズの染色に広く用いられている．バット染料に属し，水に溶けないが，こすると落ちやすい．ジーンズの膝などの部分が白くなるのはこのためである．

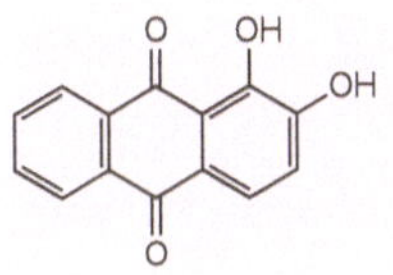

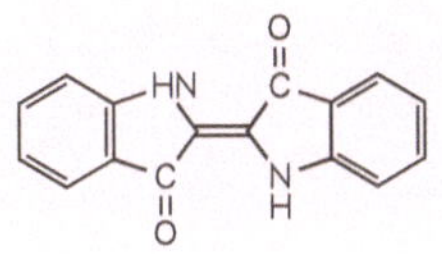

図3.8 アリザリンとインジゴの構造

表3.2 おもな染料と適用繊維

染　料	繊　維
バット染料	綿，麻，レーヨン
金属錯塩染料	羊毛，絹，ナイロン
分散染料	ポリエステル，アセテート
カチオン染料	アクリル
反応染料	綿，麻，レーヨン，羊毛，絹，ナイロン

ちょいムズ　色と光の関係

　光は波の性質をもち，波の1周期を波長という．目に見える光は可視光と呼ばれており，その波長はおよそ400〜800 nm（nmは十億分の1 m）の範囲で，波長によって色が異なる．

　光源から出た光にはすべての波長の可視光が含まれているが，物体に当たると特定の波長の光が吸収され，反射した光に反対の色が現れる．たとえば，赤い光を吸収するものは青緑に，青い光を吸収するものは黄色に見える．

　光の波長は光のもつエネルギーの大きさに対応しており，どの大きさのエネルギーを吸収するかは染料分子の化学構造と関係している．

3-3　進化する衣服

「父さんのワイシャツにアイロンをかけないといけないわ．でも上手にアイロンをかけるのって難しいのよね」

「最近はアイロンのいらないワイシャツがあるじゃない．あれって，どういう仕組みになってるの？」

「ある薬剤を使って布を処理すると，しわや縮みが防げるんだ．最初の形を保てるから形状記憶シャツとか形態安定シャツとか呼ばれているよね」

「昔はポリエステルの上着ってよくほこりが付いたけど，最近は付きにくくなったわよね．ここにも何か技術の進歩があったのかしら？」

「ポリエステルは電気を通しにくいから，静電気がたまってほこりがくっつくんだよ．それを防ぐため，電気を通しやすい薬剤で繊維を処理するのさ」

「父さんのお腹も，脂肪が付かないように処理できないかしらねえ」

「オ，オホン．最近は，繊維の断面を三角形にした，絹のような光沢のある布も作られてる．合成シルクってところだな．それに，繊維の真ん中に穴を空けたら軽くて暖かい布が作れるし，穴の中を水が通るから，汗を吸いやすい布も作れる」

「断面の形を変えるだけで，いろいろな繊維ができるのね．テニスのときに着るスポーツ用アウターも，ほぼ完璧に雨をはじくわ」

「それは，透湿はっ水素材だね．このように，さまざまなハイテク技術によって，繊維もどんどん進化していってるんだよ．ハイテク素材には，油やほこりが付きやすいという欠点もあるんだけど，これを利用して眼鏡ふきや化学ぞうきんに使ったりしてるのさ」

「商売上手ねぇ．転んでもただでは起きないって，このことね」

◆ 紡糸技術も進化している

3-1で述べたように，化学繊維を作るときには，繊維を作る高分子を液状にし，小さい孔から押し出して固める．これを**紡糸**と呼ぶ．この紡糸技術は，現在でもさまざまな面で進化を続けている．以下，その一部を紹介していこう．図3.9に示すように，孔の形を工夫するとそれに応じた断面をもつ繊維を作ることができる．また，2種類の高分子を一つの孔から押し出すと，2種類の成分を貼り合わせた繊維（複合繊維）ができる．さらに，一方の成分だけを溶かすと，細い繊維（超極細繊維）が作れる．

また，布の性能を高めるために，表3.3に示すような紡糸技術や薬剤処理を用いた加工も行われており，さまざまなハイテク技術によって布は進化している．

> **ワンポイント**
> **いろいろな断面**
> 繊維の断面を三角形にしたら絹のように光沢のある布が作れる（異形断面繊維）．また，繊維の真ん中に孔を空けたら軽くて暖かい布が作れる（中空繊維）．孔の中を水が通るような，汗を吸いやすい布も作れる．

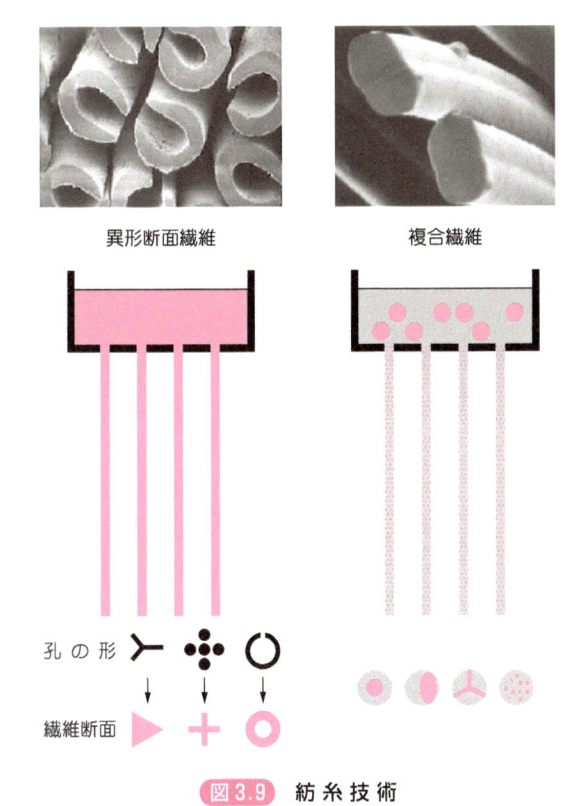

異形断面繊維　　　複合繊維

表3.3	布の加工
目的	加工名
しわを防ぐ	樹脂加工
収縮を防ぐ	樹脂加工, 防縮加工
折り目を付ける	パーマネントプレス加工, シスチン加工, ヒートセット加工
水をはじく	透湿はっ水加工
汗を吸う	吸水加工
暖かくすごす	保温加工
静電気を抑える	帯電防止加工
衛生を保つ	抗菌防臭加工
紫外線を防ぐ	紫外線カット加工
風合いを変える	シルクライク加工, スパンライク加工, レザーライク加工

孔の形
繊維断面

図3.9　紡糸技術

◆ こんな高機能な素材もある

　ここでは，化学の力で開発された，さまざまな機能をもった素材をいくつか紹介しよう．

　形態安定素材は綿のワイシャツなどに使われており，しわや縮みを防いで衣服の形を保つ．綿繊維を作っている分子（セルロース）どうしを樹脂で結合させ，分子どうしを固定することによって，しわをできにくくしている．また，綿繊維表面に樹脂の膜を作ると，繊維に水が入りにくくなり，縮みにくくなる．液体アンモニアで綿繊維の断面を円形にしてねじれをなくす方法もある．

便利な形態安定シャツ．

　透湿はっ水素材は，スポーツウェアや雨具に使われており，水ははじくが蒸気は通すので蒸れない．繊維表面を薬剤で処理し，メチル基（–CH_3）やフッ化炭素（–CF_3）などで覆うと水に濡れにくくなる．超極細繊維を使ってすき間の詰まった布を作り，このような処理をすると，水をはじくようになる．さらに微小な孔がたくさん空いた薄膜を布に貼り合わせると効果的である．このような布のすき間には水が通らないが，水蒸気は水分子がバラバラになった状態で小さいので通ることができる．

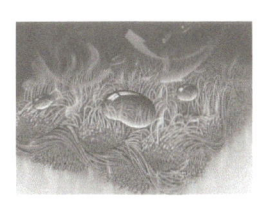

透湿はっ水素材のイメージ図．

保温素材はコートや上着に用いられており，寒さから身を守る効果が高い．繊維の形や布の構造を工夫して布のすき間を多くし，空気の断熱性で体温が逃げないようにする．さらに積極的な保温効果を出すために，薬剤処理を行う．たとえば，太陽光の近赤外線を吸収して熱エネルギーに変える働きのある炭化ジルコニウムという物質を紡糸時に繊維に混合する．また，親水基が多く，身体から出る水蒸気がくっつくと発熱する繊維を使用することもある．

第4章 環境にやさしい洗濯を
— 洗濯の化学

　私たちの暮らしは「衣・食・住」で支えられています．事実，「洗濯」「炊事」「掃除」は，おもな家事として毎日の生活に欠かせないものとなっています．

　では，私たちはなぜ衣類を洗濯するのでしょうか．それはいうまでもなく，衣服を着て一日活動すると汚れやにおいがつくからです．「汚い，くさい」は自分だけでなく，他人にも不快感を与えます．また，放っておくと細菌が繁殖して不衛生になったり，衣服の着心地が悪くなったりして健康を害することもあります．そのため，洗濯は欠かせません．

　近年，日本人の清潔好きや全自動洗濯機の普及により，「汚れたら洗う」から「着たら洗う」へと洗濯習慣が変化しました．しかし，洗剤やドライクリーニング溶剤の環境への影響が問題になっている今日，洗い過ぎは大きな問題です．環境にやさしい洗濯を実践するためには，洗濯を化学の眼で見つめることが大いに役立つでしょう．

　この章では，洗濯を「化学」を通して学んでいきます．

4-1　洗濯を始める前に

「今日は洗濯日和だなあ．洗濯機を回そうか．まだもう少し入るから，着た服があったらもってきてよ」

「ちょっと待って，一度にたくさん洗わなくてもいいんじゃないの？　まだ汚れていない服は，水や洗剤が無駄だからやめましょうよ．それに，洗濯機に入れる前に点検しなきゃいけないことがあるわ．たとえば，とれかけのボタンやほころびがあったらどうなる？」

「洗濯したらなくなるかもね」

「しみも，洗濯でとれる場合もあるけど，とれないことも多いのよ．後であちこちしみが残っているのに気づくなんてことがよくあるわ．気をつけないとね」

「しみ抜きのコツってあるの？　お肌にしみができたときのために，聞いておきたいわ」

「服とお肌は全然違うけど…．正確にいうと，しみ抜きじゃなくて，しみ移し．しみの付いたところにタオルを当てて，布の裏側から液体をつけてたたき出すの．問題は，どんな液体を使うかよ」

「付いているしみを溶かす液体を使えばいいんだよね．たとえば汗，しょう油，果汁などは水に溶けるから水でOKってこと」

「それでも，しみがとれなかった場合には漂白ね．漂白剤を入れた液に衣服を浸けておくのよ」

「面倒ねぇ．美白への道は簡単じゃないのね」

◆ 衣服の汚れの種類

　衣服に付着した汚れには，身体からの汚れと外の環境からの汚れに分けられる．汚れの種類は多いが，液体に対する汚れの溶解性から，表4.1のように分類できる．

　水に溶ける汚れを**水溶性汚れ**といい，汗や尿，果汁などがある．一方，水には溶けず溶剤に溶けるものを**油汚れ**といい，皮脂，食品や化粧品の多くが該当する．また，水にも溶剤にも溶けない固体の汚れを**粒子汚れ**と呼び，空気中に浮遊する汚れの多くはこのタイプである．粒子汚れは水溶性汚れや油汚れのように洗濯液に溶解して除去することができないので，とれにくい．

表4.1　衣服の汚れ

液体への溶解性	汚れの種類	例
水に溶ける	水溶性汚れ	汗，尿，果汁
溶剤に溶ける	油汚れ	皮脂，食品，化粧品
水にも溶剤にも溶けない	粒子汚れ	泥，鉄さび，すす，ほこり

◆ しみ抜きはしみ移し

しみ抜きとは，衣服に部分的に付着した目立つ汚れを，液体を使って他の布に移しとることである．原則的には，しみ汚れが水と溶剤（アセトンやベンジン）のどちらにおもに溶けるかによって，水か溶剤かを選ぶ．さらに，しみ汚れに含まれているいろいろな成分をとるために洗剤水溶液で処理する．いくつかの例を表 4.2 に示す．チューインガム，墨汁，泥はね，カビなど，個々のしみに応じた処理が必要なものも多い．

表 4.2　しみ抜き法の例

しみの種類	処理1	処理2
しょう油，ソース，果汁，ケチャップ，カレー，コーヒー，紅茶，日本茶	水またはぬるま湯でたたく	洗剤水溶液でたたく
血液	水でたたく	洗剤水溶液でたたく
牛乳，バター，衿あか，口紅，ファンデーション，ボールペン，クレヨン，機械油	溶剤でたたく	洗剤水溶液でたたく
マニキュア	溶剤でたたく	
チューインガム	冷やして削りとる	溶剤でたたく
墨汁	ご飯に石けんを混ぜたものでもみ出す	洗剤水溶液でもみ洗いする
泥はね	乾かないうちに洗剤水溶液でたたく	よく乾かしてブラシではらう
カビ	よく乾かしてブラシではらう	洗剤水溶液でもみ洗いする

◆ 汚れの色を消すのが漂白

漂白とは，汚れに含まれる色素を酸化または還元して化学構造を変え，無色の物質にすることである．同時に，汚れが分解されてとれやすくなる．

市販の**漂白剤**には酸化剤または還元剤が含まれており，表 4.3 に示す四つのタイプがある．漂白力や布の損傷の程度に違いがあるから，漂白剤を使用するときは適したものを選ぶことが大切である．

漂白剤は水で薄め，そこに衣服全体を浸ける．過酸化水素は，直接しみ汚れの部分に塗ることができ，高い効果が得られる．また，酸素系の酸化漂白剤は洗濯液に入れることもできる．漂白は化学反応なので，温度を上げると短時間で漂白できる．

⟵ LINK ⟶
酸化・還元については第12章参照．

表 4.3 漂白剤の種類と用途

種類		主成分	性状	用途
酸化漂白剤	塩素系	次亜塩素酸ナトリウム	液体	木綿・ポリエステルの白物
	酸素系	過炭酸ナトリウム	粉末	羊毛・絹以外の色柄物
		過酸化水素水	液体	すべての衣料
還元漂白剤	硫黄系	ハイドロサルファイトナトリウム 二酸化チオ尿素	粉末	鉄さび，塩素系酸化漂白剤を使用して黄変した樹脂加工品の白度回復

4-2　デリケートな衣服はクリーニングに？

「さあ，点検も済んだから，今度こそ洗濯を始めよう」ポチっと…

「ちょっと待って．服には洗濯の仕方を書いたラベルが縫い付けられているのを知ってる？ それを見れば，家庭で洗濯できるものとできないものがわかるのよ」

「家庭で洗濯できないものがあるの？ たとえばどんなもの？」

「デリケートな衣服よ．水で洗濯すると，毛羽立ち，フェルト化，縮み，型くずれ，色落ちなどが起こる服ね．そういう服をきれいにするために，クリーニング店があるのよ．クリーニング店ではおもに溶剤を使って洗濯するの．これを，水を使わないからドライクリーニングっていうわ」

「なるほど．ドライカレーも水気がないもんね．ドライクリーニングだと，油汚れがよくとれるってわけね」

「でも，ドライクリーニングでは逆に，水に溶けるタイプの汚れはあまりとれないんだよ．夏の衣服には汗がたくさん付いているから，夏物をドライクリーニングに出すのは不合理ってことだね」

「ついでにもう一ついうと，洗い桶の絵がついている服はデリケートだから，洗剤の種類にも気をつけなくちゃいけないのよ」

「デリケートな私のお肌にも，気をつけて洗剤を選ばなきゃダメってことね」

◆ 洗濯すると布が傷むわけ

繊維は水に浸けると損傷することがある．たとえば，綿は水を吸って膨らみ，織物を作っている糸が曲がりくねるので布が縮む．乾燥しても糸は曲がったままなので布は縮んだままになる（図 4.1a）．羊毛は，アルカリの入った水中では繊維表面のうろこ状のもの（スケール）が開いて繊維どうしが絡み合って縮む．これを**フェルト化**という（図 4.1b）．また，絹やレーヨンは繊維の束の結合力が弱いので，毛羽立ちが起こる．これを**フィブリル化**という．染料が水に溶け出して色落ちが起こる場合もある．

←――― LINK ―――→
スケールについては，第 3 章参照．

(a) 綿　　　　　　　　　　　　　　　　(b) 羊毛

図 4.1 洗濯による綿の収縮と羊毛のフェルト化

◆ ラベルを見て正しい洗濯を

　衣服には，家庭用品品質表示法で定められた**「繊維製品の取扱いに関する表示記号及びその表示方法（JIS L0217）」**のラベルが衣服に縫い付けられている．この中に，「家庭洗濯等取扱い方法に関する絵表示」がある（図4.2）．

　洗濯の方法は水洗い（洗濯機洗いと手洗い），ドライクリーニングのいずれかであり，水洗いまたはドライクリーニングができないものには×が付いている．脱水するとしわができやすい衣服には，弱く脱水，または脱水できないという表示が付いている．干し方には天日干し，陰干し，平干し（つり下げずに水平に保ったまま乾燥する）がある．4-1で述べた塩素系酸化漂白剤は使えるものと使えないものがある．アイロンかけについては温度や当て布の指定がある．

　衣服を洗濯するときには表示を見て適切な洗濯法を選び，損傷が起こらないようにしたい．

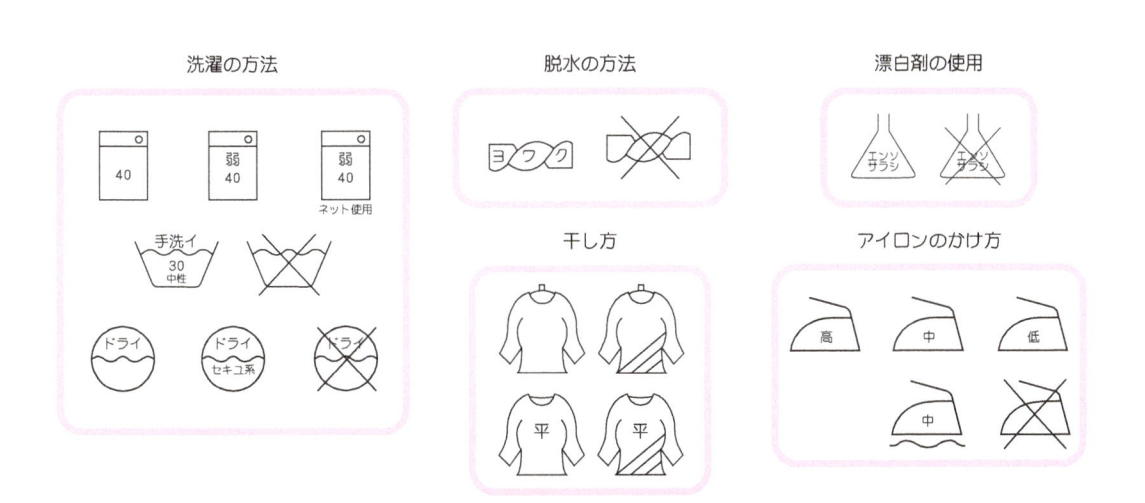

図 4.2 繊維製品の取扱いに関する表示記号

◆ 家庭洗濯とドライクリーニングの長所・短所

家庭では水を使って洗濯するが，商業洗濯ではおもに溶剤を使って洗濯を行う．これを**ドライクリーニング**という．水洗濯と溶剤洗濯には表4.4に示すような長所・短所があり，適切に選ぶことが大切である．水洗濯では水溶性の汚れがとれ，溶剤洗濯では油汚れがとれる．

溶剤による環境汚染や毒性が問題となっており，持続可能な衣服の洗濯方式を考えることが社会的課題となっている．

表4.4 洗濯液体の長所と短所

液体	長所	短所
水	水溶性汚れがよくとれる	油汚れがとれにくい 色落ちや布の収縮など衣服の損傷が起こりやすい 洗剤により水環境が汚染される
溶剤	油汚れがよくとれる 衣服の損傷が起こりにくい	水溶性汚れがとれにくい 衣服の素材が部分的に溶ける場合がある 大気汚染，地下水汚染，発がん性などの問題がある

4-3　洗剤には何が入っているんだろう？

「あれ，洗剤が見あたらないぞ？　洗剤なしで始めてしまおうか．でも，水だけじゃ十分に汚れが落ちないよなあ」

「ここにあるわよ．洗剤にはどんなものが入ってるんだろう．なになに…界面活性剤，アルカリ剤，水軟化剤，工程剤，分散剤，漂白剤，酵素だって．難しい名前が並んでるわね」

「界面活性剤ってのは，高校の授業で聞いた記憶があるわ．イケメンとは関係ないよね？」

「あるわけないだろ…．石けんなど，汚れを落とす働きをもつ成分のことさ．主役となる成分だね．界面活性剤以外の成分は，おもに界面活性剤の作用を助けるために入ってるんだよ」

「よし，洗剤を入れて，今度こそ洗濯開始ね．水位によって洗剤の量が違うから，洗剤の箱に書いてある通りに入れてちょうだい」

「もし書いてある通りに入れなかったらどうなるんだろう？」

「洗剤の標準使用量は，界面活性剤の働きをもとに計算された合理的な濃度なの．これより少ないと汚れが十分落ちないけど，多めに入れればその分きれいになるというものでもないのよ．書いてある通りに入れるのが大切ってわけ」

「界面活性剤は洗剤だけでなく，食品，化粧品，塗料など，いろいろな製品を作り出すのになくてはならないものなんだよ」

「イケメンもいいけど，界面もなかなかやるわね」

「父さんは，ラーメンのほうが好きだなあ」

◆ 洗剤にはさまざまな成分が入っている

洗剤には図4.3や表4.5に示すような成分が配合されているが，主成分は汚れを落とす働きをもつ**界面活性剤**である．界面活性剤は，古くから用いられてきた**石けん**とその他の**合成界面活性剤**に大別され，それぞれ異なった特性をもっている．詳しくは4-4で述べる．

また，界面活性剤以外にも，洗浄力をよりアップしたり，汚れを分解したり見えなくしたりする物質が配合されている．

> **ワンポイント**
>
> **中性洗剤**
>
> アルカリで傷むデリケートな衣類は，アルカリの入っていない中性洗剤で洗濯する．

表4.5 洗剤に含まれる成分とその働き

界面活性剤	洗濯物を濡らしやすくする
	布から汚れを引き離す
	布への汚れの再付着を抑える
水軟化剤	水に含まれる硬度成分をとり除く
アルカリ剤	油汚れを石けんに変える
分散剤	汚れを包み込み，布への再付着を抑える
蛍光増白剤	青～青紫色の蛍光を発色する染料で，黄ばんだ布を白く見せる
漂白剤	汚れの色素を酸化して無色の物質に変える
酵素	タンパク質汚れ，油汚れ，デンプン汚れ，セルロース繊維を分解する

品名	洗濯用合成洗剤	用途	綿・麻・合成繊維用	液性	弱アルカリ性
成分	界面活性剤（20％，直鎖アルキルベンゼンスルホン酸ナトリウム，ポリオキシエチレンアルキルエーテル），アルカリ剤（炭酸塩），水軟化剤（アルミノけい酸塩），工程剤（硫酸塩），分散剤，漂白剤，酵素					

図4.3 市販衣料用洗剤の表示例

◆ 界面活性剤はマッチ棒の形

界面活性剤の分子は，水によく溶ける部分（**親水基**）と水に溶けない部分（**疎水基**）が合体した構造をしている（図4.4）．疎水基はおもに炭化水素であり，親油基ともいう．後に詳しく述べるが，水に馴染みやすい親水基と，水に馴染みにくい疎水基の両方をもつことが，界面活性剤の性質を生み出す要因である．

> **ワンポイント**
>
> **炭化水素**
>
> 炭化水素とは，炭素原子（C）と水素原子（H）だけでできた化合物の総称である．界面活性剤の疎水基では，Cどうしが12～18個ほど連結してその周りにHが結合した細長い形をしている．

ちょいムズ　親水基の種類とその用途

界面活性剤の親水基には，水に溶かしたときに陰イオンになるもの，陽イオンになるもの，水素イオン濃度により陰イオンか陽イオンのどちらかになるもの（両性イオン），イオンにならないもの（非イオン）の4種類がある．親水基の種類により用途が異なる．

陰イオン界面活性剤は優れた洗浄力を示し，泡立ちがよい．陽イオン界面活性剤は，繊維の表面に吸着して柔軟効果を示し，疎水基の長いものには殺菌効果もある．両性イオン界面活性剤は陰イオン界面活性剤との併用で洗浄力や起泡性が高まり，台所用洗剤やシャンプーに使用されている．非イオン界面活性剤は，イオン性をもたないので安定した洗浄力を発揮し，親水基の長さが自由にコントロールできるのでさまざまな乳化状態を作ることができる．

パーム（ヤシの木）から油脂がとれる．

図4.4　界面活性剤の基本構造と用途

ワンポイント

油脂

グリセリンという化合物（アルコールの一種である）に，三つの高級脂肪酸が結合したものを油脂という．高級脂肪酸とは，値段が高いという意味ではなく，分子量が大きい脂肪酸のことである．油脂の一般式は以下の通り．

$$\begin{array}{l} CH_2\text{-}OCO\text{-}R_1 \\ CH\text{-}OCO\text{-}R_2 \\ CH_2\text{-}OCO\text{-}R_3 \end{array}$$

←―― LINK ――→
表面張力については5-1および8-2参照．

◆ 石けんの作り方

　石けんは天然油脂にアルカリを作用させて作る．わが国で石けんが作られるようになったのは1870年であり，当時は牛脂とナスの灰汁（アルカリ分を含む）を用いた．その数年後には，棒状の洗濯石けんが登場する．現在の石けん洗剤業界には，棒状の石けんをルーツとする会社がいくつかある．

　原料の油脂には，牛脂，豚脂，ヤシ油が多く使われたが，近年ではパーム（アブラヤシ）油が，よく使われるようになった．その原因には，東南アジアの原産各国がパームの生産に力を入れていることと，消費者の植物指向とがある．

◆ どのようにして汚れを落とすの？

　石けんなどの界面活性剤の分子は水に溶けない部分（疎水基）をもつため，水に溶かすと疎水基が水から出ようとして水表面に集まる（図4.5a）．界面活性剤分子と水分子の間には分子間引力が作用するから，結果として表面の水分子が引き上げられることになり，水の表面張力が小さくなって洗濯物が濡れやすくなる．

　さらに濃度を上げていくと，ついには水表面がすべて界面活性剤分子に覆われてしまい（図4.5b），表面に出られない界面活性剤分子は，疎水基を内側に，親水基を外側に向けて，集まりはじめる．この界面活性剤の集合体を

ちょいムズ　石けんの工業的製法の移り変わり

　従来，石けんは，大きな釜で炊くことによって油脂とアルカリを直接反応させる**けん化法**で作っていた．

　現在では，油脂を高温で加水分解して，まず脂肪酸を作り，これにアルカリを加えて中和させる**中和法**，ならびに油脂にメタノールを反応させて脂肪酸メチルエステルという物質を作り，これをアルカリでけん化する**エステルけん化法**に変わっている．

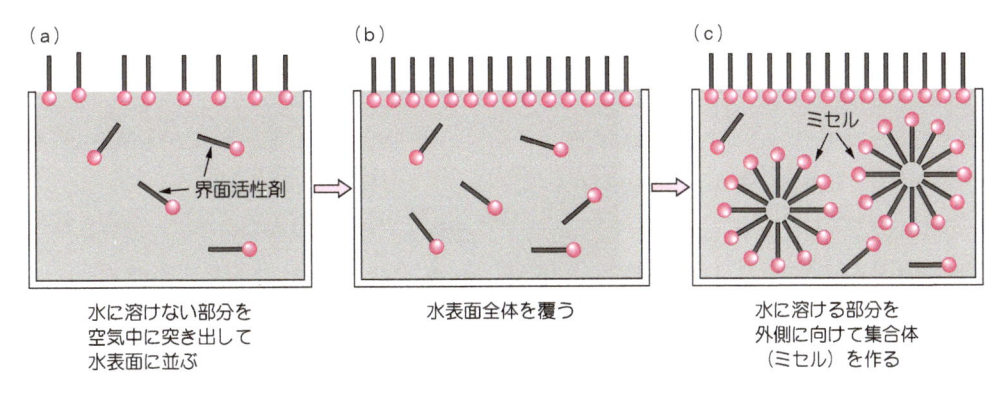

(a) 界面活性剤　水に溶けない部分を空気中に突き出して水表面に並ぶ
(b) 水表面全体を覆う
(c) ミセル　水に溶ける部分を外側に向けて集合体（ミセル）を作る

図4.5　界面活性剤の性質

ミセルと呼ぶ（図4.5c）.

では，界面活性剤はどのようにして汚れを落とすのだろうか．図4.6に示すように，界面活性剤分子は汚れの表面にくっついて（これを**吸着**という），汚れを取り囲んで浮き上がらせる．そして，洗濯液の水流や洗濯物どうしがこすれる力で繊維から汚れがとれると，さらに汚れの周りに吸着して小さな粒にし，布に再び付くのを抑える．繊維からとれた汚れがミセルの中に溶け込めば，布に再び付くことはない．

洗剤の標準使用量は，ミセルができはじめる濃度を少し超えたところに設定されている．その理由は，上記のように界面活性剤の洗浄作用は吸着とミセル形成によるものであり，吸着量が最大となり，かつミセルができる濃度がこの濃度だからである．

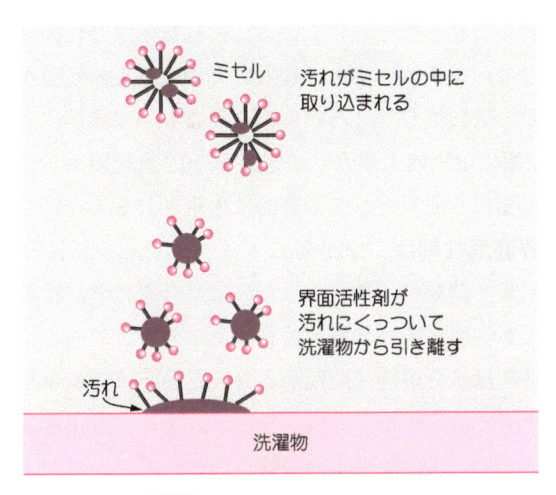

ミセル　汚れがミセルの中に取り込まれる
界面活性剤が汚れにくっついて洗濯物から引き離す
汚れ　洗濯物

図4.6　界面活性剤の洗浄作用

4-4　環境にやさしい洗濯とは

「今日は天気もいいし、洗濯物は外に干しましょうか．乾燥機を使うと衣服は傷むし、電気代もかかるし」

「外に出るのはおっくうだし、部屋干しにしないかい？」

「部屋干しは乾くのに時間がかかるから、服がくさくなることもあるのよ．あんまり面倒くさがってると、父さんを干してスルメにしちゃうわよ」あまりおいしくなさそうね

「わかりました….外に干しましょう」

「石けんは分解されやすいけど、合成界面活性剤（合成洗剤）は分解されにくいって聞いたことがあるわ．これって本当なの？」

「合成界面活性剤は石油から作られ、以前は分解性の悪いものがあったんだけど、最近は植物から作った合成界面活性剤もあり、技術の進歩によって、徐々に分解性のよいものに切り替わっているよ」

「でも、石けんがいちばん分解されやすいなら、全部石けんにすればいいのに」

「石けんには、水に溶けにくいなど、使い勝手が悪い面があるのさ．界面活性剤の種類によって長所・短所が違うから、石けんと合成洗剤を上手に使い分けるのが効果的だってことだね」

「洗濯のときには水の量を加減し、洗剤の標準使用量を守ることも大切よ．それに、洗濯物の量を減らすのも大事ね．洗濯機が大容量になって、洗濯物がどんどん増えているそうよ．わが家も反省ね」

「一度着たからといって、そのたびに洗わなきゃいけないかどうか、ちゃんと考えないとダメね」

ワンポイント
サポー
Sapo. 石けんを意味する soap の語源といわれている．

◆ 石けんと合成界面活性剤の違い

石けんの歴史は、紀元前 3000 年頃にさかのぼる．メソポタミア（現在のイラク）では、シュメール人が羊毛の洗浄と石けんの製法について、くさび型文字で彫り刻んだ粘土板を残している．古代ローマ時代初期には、サポーという丘の神殿で、羊を焼いて生け贄として神に供える風習があり、滴り落ちる羊の脂が木の灰に混じり、石けんのようなものが偶然にできた．石けん作りは、8 世紀頃には家内工業として定着し、12 世紀頃からは地中海沿岸でオリーブ油と海藻灰を原料として工業的に生産されるようになった．

一方、**合成界面活性剤**は、1929 年にドイツで石油を原料として開発されたのが最初である．開発の契機となったのは、合成化学が進歩したこと、石けんの原料が天然油脂であり食料と競合することなどである．

合成界面活性剤は生分解性に問題があり、たとえばアルキルベンゼンスルホン酸ナトリウムという界面活性剤の場合、疎水基（炭化水素）の部分が枝分かれしているため、微生物による分解がなされにくかった．現在は改良によってまっすぐな構造になっているので分解されやすくなっている．さら

に，天然油脂から作られる合成界面活性剤も開発されるなど，生分解性の改善が進んでいる．

石けんと合成界面活性剤は，液性，溶解性，耐硬水性，生分解性などに違いがある（表4.6）．それぞれの特質を知り，有効に活用することが大切である．たとえば，石けんは生分解性がよいが，アルカリ性なので，デリケートな衣類の洗濯には向かない．また，冷水での洗濯や硬度成分を多く含む水（硬水）を使った洗濯には不向きである．

表4.6 石けんと合成界面活性剤の比較

	石けん	合成界面活性剤
原　料	天然油脂	石油または天然油脂
液　性	アルカリ性	中性
溶解性	水に溶けにくい	水によく溶ける
耐硬水性	硬度成分と結合しやすい	硬度成分と結合しにくい
生分解性	分解しやすい	種類によって分解性が異なる

◆ ドライクリーニングと環境問題

ドライクリーニングの発祥の地はフランスである．1825年，パリの仕立て屋ジョリー–ベラン（J. Jolly-Belin）は，テーブルクロスにランプの油をこぼした．油を拭きとっても油のしみは落ちなかったが，テーブルクロスに付いていた汚れが落ちているのに気づいた．この発見を元に，彼はドライクリーニングの手法を編み出し，クリーニング店を開業した．その後，ベランの発見は1855年の第1回パリ万博で発表され，「フレンチ・クリーニング」として世界中に広まった．

ドライクリーニング溶剤には，かつては石油系，塩素系，フッ素系の3種類があった．しかし，塩素系溶剤は発がん性，フッ素系溶剤は成層圏オゾン層の破壊が問題となり，1996年に生産全廃となった．現在使われているドライクリーニング溶剤は，おもに石油系溶剤（炭化水素）と合成溶剤（テト

ちょいムズ　洗浄力とミネラル成分の関係

カルシウムやマグネシウムなど，水中に含まれるミネラルを，硬度成分という．

石けんは水中の硬度成分と結合して不溶性の金属性石けん（石けんカス）を生成するので，硬度の高い水中では洗浄力が阻害される．

また，合成界面活性剤とコンプレックス（複合体）を形成して，洗浄力を低下させたり，汚れと繊維の結合を強めたりする．

ラクロロエチレン）であるが，大気汚染，発がん性，引火性などの問題があり，より安全な溶剤の開発が進められている．

また，化学火傷やドライクリーニング事故など，消費者との問題も多い．化学火傷とは，石油系溶剤でドライクリーニングした衣服を着用した人が，皮膚障害を起こすという事故である．原因は，ドライクリーニング後の乾燥が不十分なためで，衣類に残った溶剤が皮膚に触れ，表面が赤くなり火傷のようになる．ドライクリーニング事故とは，溶剤の使用による衣類の著しい損傷である．たとえば，衣類の染料や顔料が溶け出して色落ちしたり，布に貼り合わせた他の材料が溶解したり，接着剤の劣化が起こることがある．

水洗いにするか，ドライクリーニングにするかは，4-2で述べたように，「繊維製品の取扱いに関する表示記号及びその表示方法」が参考になる．

環境にやさしい合理的な洗濯を行うには，知識と実践が大切である．この章で学んだことを元に，ぜひ環境にやさしい洗濯を実践していただきたい．

ワンポイント
洗濯の裏技？

取扱い絵表示で，水洗いに×がついていてドライと書いてあるものはドライクリーニング対応製品であるが，洗濯に関する知識と技能のある人なら，ほとんど損傷なく水洗いすることも可能である．

第5章 もっとも身近でもっとも不思議な物質
－ 水の化学

　私たちの住んでいる地球の姿は，水の存在抜きでは考えられません．生物が存在するのも水があるからですし，地表の約70％は海です．また，ギリシャ時代に「水は万物の根源」といわれていたように，昔から人類は水の重要性に気づいていました．

　ところが，水は化学の眼で見ると，とても不思議な物質なのです．たとえば，氷が液体に変わる温度（融点）は0℃ですが，この温度は水と同じような物質と比較すると異常に高いのです．冬に山間部に降り積もった雪は，春になると少しずつ融けはじめ，山から小川に注ぎ，やがて大きな川や海に流れます．春の訪れを知らせてくれるのどかな風景ですね．もし，水の融点が0℃よりずっと低く，また水のもつ「熱しにくく，冷めにくい」という性質がなければ，雪や氷がまたたく間に水になり大洪水になってしまうでしょう．

　また水は，「ものをよく溶かす」優れた溶媒でもあります．料理も洗濯も，この「よく溶かす」という性質がなければ始まりません．

　水のもつこれらの不思議な性質について考えるには，「水分子の構造」，「水分子のつながり方」，「水の固体・液体・気体の三つの状態」に注目することが大切です．この章ではこの三つについて解説し，水の不思議を解き明かします．また，当たり前と思って使っている水道水がどのように作られているのかや，地球環境と水の関係についても学んでいきます．

　もっとも身近で，もっとも不思議な物質である水について，化学の眼で考えてみましょう．

5章 もっとも身近でもっとも不思議な物質 —水の化学

5-1 水は特殊な物質なの？

「3人でテニスをするのは久しぶりだなあ．陽子もだいぶ上達したね．さすがは高校テニス部の現役プレーヤーだ．昔は，父さんもマッケンローやボルグと対等に打ち合ったものだけどなぁ」

「……．ああ，喉が渇いた．水を飲もうっと．テニスの後の水は最高ね．でも，おいしい水って，普通の水とどこが違うのかな？」

「じゃあ，普通の水の話から始めようか．地球の表面の約7割は海だって知ってたかい？地球は『水の惑星』と呼ばれているように，表面の7割は海面なんだよ」

「人間の体も，その3分の2は水が占めているって聞いたことがあるよ．生命の起源が海にあることと関係があるのかな」

「環境問題も水抜きには語れないね．生命機能から日々の生活まで，水はわれわれの命に直結する物質といってもいいんじゃないかな」

「大学で『水の化学』っていう授業があるんだよ．ありふれているから気づかないんだけど，水はとても特殊な性質をもつ物質なんだって」

「え，水が特殊って，どういうこと？どういうように特殊なの？」

「沸点や融点が仲間の物質よりも異常に高かったり，表面張力が大きかったりするのさ．こんなに身近な水が特殊な物質だったなんて，意外だろ？」

◆ 水がもつ特異な性質

水は，われわれの生活に必要不可欠で，かつもっとも身近な物質である．ここでは，化学の眼で水をもう一度見直してみる．

水は，化学的には非常に特異な性質をもった物質である．まずはミクロな視点から，水分子の構造を眺めていくことにしよう．

水は，水素と酸素からなる化合物で，その分子式は H_2O である．この水分子のもつ化学結合について考えてみよう．水分子は，水素原子2個と酸素原子1個が直線上に並ぶのではなく，約 104.5°[*1] の結合角で結ばれている（図 5.1a, b）．

> **ワンポイント**
> **水の分子式**
> 水の分子式が H_2O であることは，電気分解の結果からもわかる．電気分解については第12章参照．

[*1] なぜこのような角度になるのかは，各原子の電子配置から説明することができるが，本書のレベルではないのでここでは割愛する．芝原・斉藤著，『大学への橋渡し 一般化学』（化学同人）などを参照．

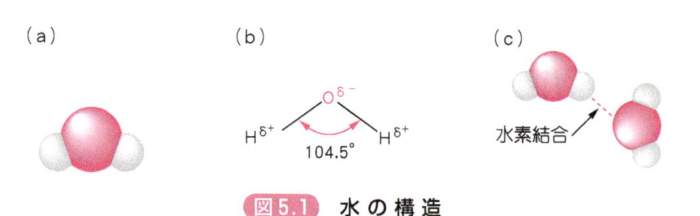

図 5.1 水の構造
(a) 水の分子構造　(b) 分極の様子　(c) 水分子どうしの水素結合

◆ 水分子どうしは互いに引きあっている

水分子の O-H 結合には，電子の分布に偏りがある．これを**分極**という（図 5.1b）．分極の様子は $O^{\delta-}$, $H^{\delta+}$ のように表され，δ^- は少しだけ負の電荷を，δ^+ は少しだけ正の電荷をもっていることを意味する記号である．

水分子における分極（すなわち電荷の分布の偏り）が，水のもつ化学的な特徴に大きくかかわっている（詳しくは，後で説明する）．水が分極していることは，少しだけ開いた水道栓からの水の流れに，十分に擦りつけたストローを近づけると，静電気の影響で水がゆれ動くことからもわかる．

次に，ミクロからマクロに視点を移して考えてみよう．水分子 H_2O が集合してできている液体の状態の水を考える．水分子どうしが結合するとき，図 5.1（b）で説明した電荷の偏り（分極）のため，図 5.1（c）に示すように，水分子には互いに引きあう力が生じる．これを**水素結合**という．

水分子は，この水素結合により互いに引きつけあっており，水がもつ特徴のいくつかは水素結合から説明できる．たとえば，水の沸点と融点が高いことがその例である．水の沸点と融点は（大気圧の下では）100℃ と 0℃ である．当たり前のように感じているかもしれないが，この温度はよく似た仲間の物質と比べると異常に高い．これは，水分子は水素結合していて強く引きつけあっているので，引き離すのに大きなエネルギーが必要なためである．

◆ 氷が水に浮くのは当たり前？

次に，水 ⟷ 氷の状態変化について考えよう．室温でコップに一杯の水があり，その中で水がこぼれない状態で氷が浮いているとする（図 5.2）．このとき，温度は 0℃ を示す．温度が上がって氷が融けたとき，コップの水はあふれてこぼれるだろうか．

この問題を考えるときに注目すべきことは，まず氷が水に浮いているという現象である．これも水の特異な性質の一つであり，固体の氷が同じ体積の液体の水より軽い，すなわち密度が小さいことを表している．図 5.2 のコップに浮いている氷が融けても，それより体積の小さい水になるため，水がこぼれることはない．

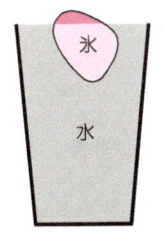

図 5.2　コップの中の水に浮く氷

ワンポイント

分極

原子の中心と原子をとりまく電子の分布の中心が一致していない場合，その分子は分極する．水のように分極している分子を極性分子という．分極していない場合は，無極性分子という．

ワンポイント

水の仲間の沸点

水と同族の水素化合物の沸点は，たとえば H_2S では －60.7℃ である．

⟵ LINK ⟶

このとき，水と氷は平衡状態にある．平衡状態については第 14 章参照．

5章 ◆ もっとも身近でもっとも不思議な物質 ―水の化学

もし，氷のほうが水よりも密度が大きければ……北極の氷は海底に沈んでしまい，地球環境は今とはまったく異なったものとなっていただろう．

◆ 表面張力で水が転がる

もう一つ，水のもつ特徴的な性質をあげよう．アサガオの葉に水を垂らすと，水が水滴になって転がることがある．この現象も，水分子どうしが水素結合により強く結びついているためである．

水滴の中では水分子が周囲の水分子と互いに結合しているが，表面にある水分子は，表面方向には結合する相手の分子をもっていない（図5.3）．しかし，水滴の中心に向かう結合の力は残っているため，結局，形は球に近づくことになる．このため，水は表面積の小さい水滴（球状）になる傾向を示すのである．

このとき，図5.3のように表面に沿って引っ張りあっている力を**表面張力**という．水分子には水素結合があるため，表面張力も大きい．

ワンポイント
表面張力

表面張力は，単位長さあたりの力の大きさ（単位は N/m：N はニュートン，m はメートル）として表される．力（N）とエネルギー（J）は，J＝N・m の関係にあるので，結局，表面張力は J/m^2（単位面積あたりのエネルギー）となる．これは表面自由エネルギーと呼ばれている．

水銀は，室温でも液体の金属であるが，少量をガラスの上にたらすと球状になる．これは，水よりもさらに大きな表面張力をもっているためである．

← LINK →
表面張力については第7章も参照．

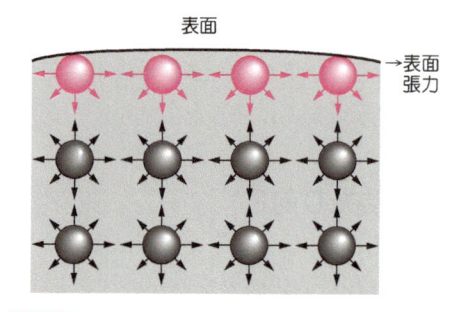

図5.3 水の表面における結合のつり合いの状態

ちょいムズ　なぜ氷は水よりも密度が小さいの？

水が氷に変化するとき，水素結合があるため，水分子は密に詰まることなく，すき間をもったまま変化する（図5.4）．このため，氷の密度は水よりも小さくなる．固体の密度が液体の場合より小さい物質は珍しく，水の他には金属のアンチモン（Sb）がある．

また，水の密度がもっとも大きくなるのは，4℃のときである．

水に浮かんだ氷をさらによく観察すると，図5.2のように，氷の体積は水の表面からでている部分より水面下にある部分のほうが大きいことがわかる．

――― 水素結合
・・・・ 水素結合
● 酸素
・ 水素

図5.4 氷の構造

5-2　水に溶けるもの，溶けないもの

「で，おいしい水の正体は結局どうなったの？　何か調味料でも入っているの？」

「おいしい水には，カルシウムやナトリウムなどのミネラルがイオンとして溶けているのさ．要するに，純粋な水じゃないってことなんだ」

「ミネラルウォーターのミネラルは『鉱物』っていう意味なんだよね．でも，日本語に訳すと『鉱物水』か．あんまりおいしそうじゃないね」

「たしかに『〇〇のおいしい鉱物水』じゃ，あまり売れそうにないなあ．やっぱり，ネーミングって大事だね」

「水には固体だけでなく気体も溶けるし，他の液体と簡単に混ざり合うこともあるんだ」

「いろんなものを溶かすなんて，水は包容力があるのね．好みのタイプかも」

「包容力なら父さんも負けてないぞ」

「いい年こいて，なに水と張り合ってるんだよ…．あ，スポーツドリンクもあるのか．ちょっと飲ませてよ」

「はい，どうぞ．そういえば，スポーツドリンクって，どういう飲み物なの？　あまずっぱくて，おいしいよね」

「ひと口にいうと，汗によって失われた水分やイオンを効率よく補給できるように工夫された飲み物だ．糖分補給のための砂糖やブドウ糖が含まれていたり，飲みやすくするためのクエン酸が入っていたりするんだよ」

◆ 食塩が水に溶ける様子

食塩の結晶が水に溶ける様子を，まずはミクロの眼から眺めてみよう．

食塩は**イオン結晶**の代表で，固体の状態では，イオンになった Na^+ と Cl^- がプラスとマイナスの電荷の間の引力で結ばれていて，それらが三次元的に繰り返す構造をとり，食塩の結晶ができあがっている（図14.2参照）．

このような構造をもつ食塩の結晶を，水に入れるとどうなるのだろうか．これは5-1で説明した水の分極と水素結合が関係する．水の中では，食塩の結晶は Na^+ と Cl^- に分かれ，それぞれが水分子に取り囲まれる（図5.5）．このとき，水分子のもつ $H^{\delta+}$ および $O^{\delta-}$ と，Cl^- および Na^+ の各イオンとの間には水素結合や静電気的な結合が生じている．

このように，水分子はイオンから成り立つ物質を取り囲んで，別々に引き離す．この現象を**水和**[*2] という．

以上が「溶解」と呼ばれる現象をミクロに見た姿である．水にはこの水和の作用があるため，多くのものを溶かすことができる．たとえば，エタノール（C_2H_5OH）は水と同じ OH という部分をもち，分子の中に電荷の偏りをもっていて（分極していて），水分子と構造がよく似ている．そのため，水によく溶ける．一方，メタン（CH_4）のように炭化水素化合物と呼ばれるグ

ワンポイント
イオン結晶
このような力を静電気力あるいはクーロン力という．また，食塩の固体に見られる結合を「イオン結合」という．Na^+ はナトリウムイオン，Cl^- は塩化物イオンである．

[*2] 水以外の溶媒も含め，一般には「溶媒和」という．

← LINK →
炭化水素化合物とは，炭素と水素からなる化合物のこと．詳しくは第10章参照．

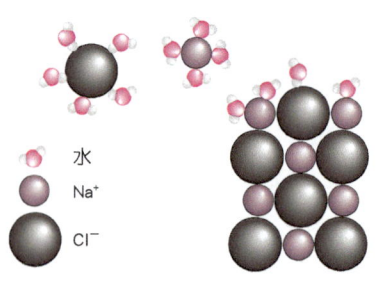

図5.5 水分子に囲まれた食塩の溶解

ループは，分子が分極していないので，水分子のもつ水素結合の力を使って溶かすことができない．水に油を混ぜても分離してしまうのはこのためである．

◆ ミネラルウォーターってどんな水？

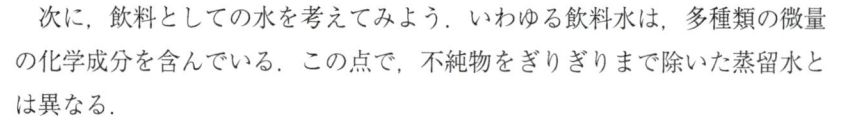

次に，飲料としての水を考えてみよう．いわゆる飲料水は，多種類の微量の化学成分を含んでいる．この点で，不純物をぎりぎりまで除いた蒸留水とは異なる．

またミネラルウオーターとは，飲料に適する範囲でカルシウム（Ca），ナトリウム（Na），カリウム（K），マグネシウム（Mg），亜鉛（Zn），鉄（Fe）などのミネラルがイオンとして溶けている水である．含まれている量が重要で，鉄イオン，亜鉛イオンなどが多く含まれると渋み，苦みが出るといわれている．また，消毒に使われる塩素分が多く含まれると，異臭が出て「おいしくない水」になってしまう．詳しくは5-4で述べる．

溶けているミネラル成分の量によって，水を**硬水**と**軟水**に分けることもできる．カルシウムイオンとマグネシウムイオンを多く含んでいる水を硬水，そうでない水を軟水と呼んでいて，水1000 mL中に含まれる炭酸カルシウムの量により，硬水の程度（硬度）が決められている．

日本では軟水が多く，外国では硬水がほとんどである．日本人が，慣れない硬水を飲むと下痢を起こすこともある．また，硬水は石けんの泡立ちが悪い．しかし，お酒の醸造には硬水が適している．

どのような水をおいしいと感じるのかは個人差があり，その定義は難しいが，一般的にはわき水がおいしいといわれている．その理由を探ってみよう．

水は地中にしみ込む過程で不純物が浄化され，同時に多くのミネラル成分が溶け込む．わき水は，カルシウムイオン，マグネシウムイオン，二酸化炭素，酸素などを適度に含み，またある程度冷やされることにより，おいしい水となるのである．水道水も，加熱沸騰させて（塩素を除去して）冷やせば，名水に近づくことになる．

おいしい水の正体とは？

ワンポイント
おいしい水道水

近年，さまざまな自治体が水道水をペットボトルに詰め，おいしい水道水として販売している．浄水技術の進歩により，水道水のおいしさもさらにアップしてきていることをPRする目的で販売されている．

◆ スポーツドリンクの秘密

次に，スポーツドリンクについて見ていこう．市販されている代表的なスポーツドリンクに含まれている原材料を例にあげると，次のようになる．これは容器に記されている原材料名である．

原材料名：砂糖，ブドウ糖，酸味料，塩化ナトリウム，ビタミンC，塩化カリウム，乳酸カルシウム，調味料，炭酸マグネシウム，香料

砂糖，ブドウ糖は，糖分の補給の目的で入れられている．また飲みやすくするためにビタミンC（クエン酸の場合もある）が入っている．スポーツドリンクの液性を調べると弱酸性を示すのは，このクエン酸などのためである（第2章参照）．

> **ワンポイント**
> **アイソトニック飲料**
> アイソトニック飲料と呼ばれる飲料は，濃度を身体内の浸透圧（p.53参照）に近づけることにより吸収をよくしている．

5-3　家庭にきれいな水が届くまで

「あ〜，水もスポーツドリンクもおしいかった．私たちは毎日，当たり前のように水を使っているけど，水道の蛇口から簡単に出てくる水はどのように作ってるんだろう？」

「浄水場で行われていることは，難しくいうと『混合物の分離』だな．『混合物から純物質を取り出す』作業をしてるのさ．浄水場では，基本的にはろ過を繰り返すことによって水をきれいにしていくんだよ」

「ろ過っていうのは，簡単にいうと，フィルターを使って濾すことだよね．原理としては単純なんだなあ」

「そういうことだね．さて，ここで問題．もし孤島で水がなくなったら，飲み水を作るにはどうしたらいいと思う？」

「うーん，雨乞いをすることくらいしか思いつかないわ…．優秀なシャーマンなら可能かもしれないけど，私には無理ね」

「少量の水を一時的に作る場合と，大量の飲み水を安定して作る場合に分けて考えてみるといいよ」

「塩辛い海水を飲み水に変えるなんてことができるのかなあ．とても考えられないわ」

「少量の水を作りたいときは，海水を沸騰させてその蒸気を集め，それを冷やせば塩辛くない水ができるよ．これを蒸留っていうのさ」

「なるほど．塩辛い成分は蒸発しないのね．じゃあ，たくさんの真水を作りたいときはどうすればいいの？」

「一度に大量の真水を作りたいときは，逆浸透法っていう方法を使うんだよ．なんだか，すごいピッチャーみたいだろ？」

「『ぎゃくしん投法』ってこと？……ちょっと厳しいわね」

◆ 浄水場で水をきれいにする仕組み

われわれが飲み水としている水は浄水場から送られてくる．蛇口を回せば

ワンポイント
ろ過，抽出，蒸留，クロマトグラフィー

物質を混合物と純物質に分類できることは第1章で述べた．その混合物を純物質に分ける方法には，ろ過，抽出，蒸留，クロマトグラフィーなどがある．

ろ過は液体に混合している固体（沈殿）を分離する基本的な操作である．沈殿物などをろ紙上に残し，ろ紙の目より小さいものは通過する．このとき，ろ紙に染み込んだ液の色を観察できることがある．これがクロマトグラフィーの一種のペーパークロマトグラフィーである．ろ過とよく似た方法に抽出がある．たとえば煎茶を飲むとき，茶葉にお湯を注ぐと，茶の成分を多く含む色のついた液が取り出せる．抽出については第9章参照．

ワンポイント
活性炭

ヤシ殻を高温で水や二酸化炭素などに触れさせると，海綿状の炭，すなわち活性炭になる．表面積が大きく吸着能力の高い活性炭の用途は広く，冷蔵庫の脱臭剤や家庭用の浄水器のフィルターなどに使われている．

簡単に得られる水道水は，どのような過程を経て家庭に届いているのだろうか．混合物の分離という立場で考えてみよう．

人間の生活に使う飲み水や，工場で使う工業用水を得るためには，雨水や河川の水の処理や，排水のリサイクルが必要である．一般に，浄水場で行われている**急速ろ過方式**と呼ばれる処理方法について図5.6に示す．川などからの水（原水という）は，いったん水を蓄える取水塔を経て，沈殿物を除くために沈砂池に送られ，さらにポリ塩化アルミニウムなどの薬品（凝集剤）で処理することにより，水の濁りが取り除かれる．水は何度もろ過され，さらに不純物が取り除かれていく．

また浄水場では，活性炭を含んだ層に水を通過させ，細菌などの小さいものを取り除く．これを**吸着**という．活性炭は炭の一種で，その表面積が非常に大きく，さまざまな物質を吸着することができる．さらに，吸着されなかった微粒子や細菌は，塩素の注入により処理される．以上のような過程を経た水は，水質検査を受けたうえで，飲料水として家庭などに送られる．

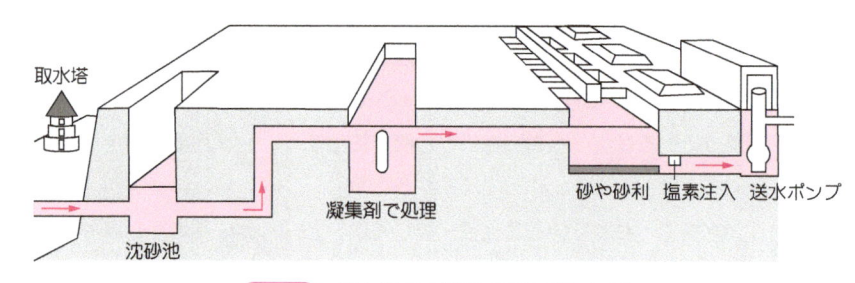

図5.6 浄水場での処理（急速ろ過方式）

◆ 海水を真水に変えるには

まずは海水の成分について考えよう．海水に含まれる陽イオンは，多い順に，ナトリウムイオン（Na^+），マグネシウムイオン（Mg^{2+}），カルシウム

ちょいムズ　なぜ塩素で殺菌するの？

塩素は水に溶けやすい物質である．水に溶けて次亜塩素酸（HClO）を生じ，この次亜塩素酸の強い酸化力によって，殺菌作用および漂白作用を示す．これが浄水場でも利用されている．

しかし，塩素の量を増やすと水のおいしさが損なわれるので，塩素を使わず，においも同時にとる方法としてオゾン（O_3）による浄化も行われている．

ろ過の過程で取り除くことができないものにフミンという物質がある．おもにタンパク質が分解されるときに出る不溶物で，消毒に使う塩素と反応するとトリハロメタンができる．このトリハロメタンの量が増えると身体に害を及ぼす可能性があるといわれている．

イオン（Ca^{2+}），カリウムイオン（K^+）である．また陰イオンとしては，塩化物イオン（Cl^-），硫酸イオン（SO_4^{2-}），炭酸水素イオン（HCO_3^-）などが含まれている．

このように多種類のイオンが含まれているのは，地球上で水が循環しているためである（5-4を参照）．蒸発して雨水となった水が，地中の物質を溶かし，河川に流れ，さらに海に注ぐという過程で，多くのイオンを含むようになる．

海水を「しょっぱい」と感じるのは，食塩の成分である塩化ナトリウムが含まれるためである．食塩は身体に必要な成分ではあるが，海水はその濃度が高すぎるため，飲むと腸などからの水分の吸収が困難になり，また腎臓の機能も低下し，血液中の食塩濃度が急激に高まり，よけいに喉が渇いてしまう．

この海水を飲み水に変えるもっとも簡単な方法は**蒸留**である．すなわち，海水を沸騰させ，その水蒸気を冷やして凝縮させれば真水になる．水蒸気中には水以外の成分は含まれないので，冷やすと真水が得られるのである．

海水から大量の真水を得るには**逆浸透法**が用いられる（図5.7）．これはろ過の操作を応用したもので，海水と真水を入れる容器を逆浸透膜で仕切り，海水側に圧力をかける仕組みになっている．すると，海水中の水分子だけが膜を通過し，真水が増えることになる．このとき，海水中の食塩の成分は膜を通過しない．もし圧力をかけないと，真水側から海水側へと水が流れ，真水の量は逆に減ってしまう．

ワンポイント
海水に含まれるイオン

河川の水にはカルシウムイオンが多く含まれるが，貝や珊瑚礁などに炭酸カルシウム（$CaCO_3$）のかたちで吸収される．そのため，海水では，カルシウムイオンの量は比較的少なくなる．

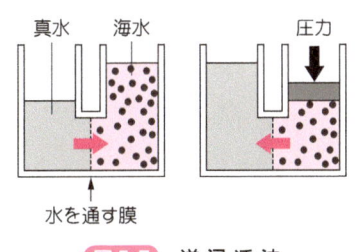

図5.7 逆浸透法

真水を作る逆浸透法

一般的には半透膜は，ほぼ同じ大きさの微細孔を無数にもつ膜で，セロハン膜，ぼうこう膜，植物の細胞膜などがその例である．また特定以上の大きさのものを通過させないので，「分子ふるい膜」ともいわれる．

真水と塩水を半透膜で分けていれると，浸透圧により，真水が海水側に移動する（図5.7左）．このとき海水側に圧力をかけると，逆に海水中の水分子が真水側に移動する（図5.7右）．これが逆浸透法で，塩水の真水化に応用されている．このとき用いる半透膜をとくに逆浸透膜と呼んでいる．

逆浸透法は海水の淡水化の操作として，現在，世界各地で使われており，砂漠の緑化にも貢献している．

5-4　水は循環している

「地球には水はたくさんあるけれど，飲むことができる水を手に入れるためには，たいへんな苦労があるのね」

「そういうこと．川や湖から引いてきた水を家庭に届けるまでには，さまざまな工夫がなされているってことさ．そのお陰で，いつもきれいな水が使えるんだ」

「水は，環境問題とも切り離せないよ．水は地球上を循環しているから，環境の影響を受けやすい．海水は蒸発して，雨になって降ってきて，また海に戻るからね」

「というわけで，3人ともまた家に戻ってきたってわけね．お帰り．調子はどうだった？」

「マッケンローには，負っけんぞう」

「……．料理にお風呂に洗濯．水道水がないと，とても不便だろうなあ．でも，こうして手を洗った後の水は，排水として流れていくわけだよね」

「工場や家庭からの排水は環境に大きな影響を与えているんだよ．河川の汚染源の約6割は，家庭からの排水によるものだといわれている」

「6割も？　いつでもどこでも，きれいな水が手に入ると思って毎日の生活を送っているから，ちょっと反省しないとね」

「本当だね．さらに，水が汚れると，次はそれが土壌汚染に結びつくから，汚染がどんどん広がっていくんだ．できることからやっていくようにしないとダメだね」

「じゃあ僕は，頭を洗うときに，シャワーを出しっぱなしにしないことから始めるよ」

「私は，お皿洗いのときに，こまめに蛇口を閉めることを心がけるわ．ついつい出しっぱなしにしてたんだけど」

「父さんは，シャンプーの回数を3回から2回に減らすことにしようかな」

「3回もしてたの??　1回にしときなさいよ」
何のために？

◆ 水は世界を駆け巡る

　水は，地球上のほとんどすべての生命体にとって必須の物質である．もちろん人間の活動にも，水が必要である．

　まず，地球上の水の循環について考えてみよう．地球の表面の約7割は海面で覆われているが，太陽からの熱により，海水は蒸発する．蒸発してできた水蒸気は，冷却されると液体（水）や固体（氷）の粒になる．これが雲の正体である．それが，さまざま気象条件により，雨（液体）や雪（固体）になる．これらが地球表面に降り注ぎ，やがて海に流れ出る．そして，太陽のエネルギーによって再び蒸発する（図5.8）．

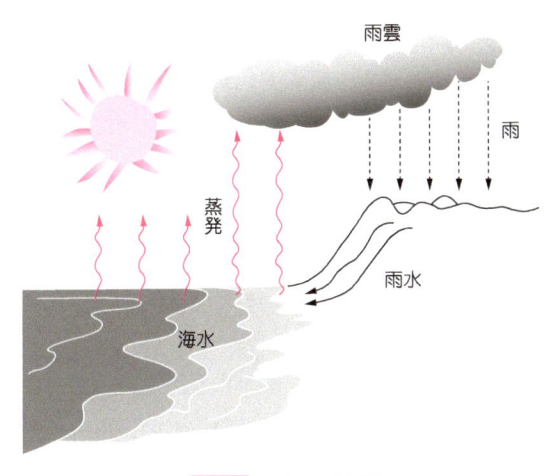

図 5.8　水の循環

太陽からの熱→海水の蒸発→水蒸気の冷却→雲の生成→地表への降雨や降雪→海

◆ 水質汚染は人間活動のせい？

　水質汚染は，人間の活動とともにいろいろなかたちで現れてくる．水質汚染には，海洋汚染や河川の汚染などいろいろあるが，いずれも生活排水，農業廃水，産業排水が原因であり，その約6割は，台所，風呂，洗濯を含む生活排水が原因といわれている．

　産業排水は重金属や有機物などを含むので，現在では法律で厳しく規制されている．一方，生活排水や農業廃水は，農薬，洗剤，溶剤などを含むにもかかわらず規制と処理が難しい．農薬の大量かつ広範囲な使用により，河川の水棲小動物（メダカ，ゲンゴロウ，ミズスマシなど）が激減したことはよく知られている．

　水質汚染が進むと，プランクトンの異常増殖により海や川などが変色する

水質汚染を防ぐには．

ちょいムズ　水質汚染の程度を測る「ものさし」

水質汚染の程度を示す指標にはいくつかある．

① DO（溶存酸素量）：水に溶けている酸素量を示し，大きいほど水質はよい．
② COD（化学的酸素要求量）：水に含まれる有機物を過マンガン酸カリウム（$KMnO_4$）などで分解するのに必要な酸素量で，大きいほど水質は悪い．
③ BOD（生物化学的酸素要求量）：水に含まれる有機物を細菌が分解するのに必要な酸素量で，大きいほど水質は悪い．たとえば，BODが1 ppmだとすると，水1 kgに含まれる有機物を酸化するのに酸素1 mgが必要になる（ppmは100万分の1の存在比率を表す単位）．
④ pH（水素イオン指数）：水溶液の水素イオン濃度．富栄養化が進むと塩基性が強くなり，pH値は大きくなる（第2章参照）．

赤潮や，微細藻類が水面を覆いつくし青色になる**アオコ**が発生する．排水中の無機塩類が海や湖に流れ込み，富栄養化が進むために起こる現象である．

　赤潮やアオコが発生すると，水に溶けていた酸素（溶存酸素という）が欠乏することになり，生物にも影響を与える．また，赤潮のプランクトンは魚のえらに付着するため，呼吸困難を引き起こし魚が大量死する．湖沼で青藻類が異常繁殖して，水が腐敗するという例もある．河川では，水質汚染の指標に使われる BOD が 10 ppm になると生物の生存は難しくなり「死の川」になる．

　このような排水による汚染を防ぐため，水質汚濁防止法により排水基準が定められている．河川などの公共用水域への汚水の排出の基準を規定している法律である．

　なお，いらなくなった水を排水と呼ぶが，とくに汚れた水を廃水という．

◆ 水質汚染が土壌汚染に結びつく

　水質汚染の原因となる物質は，土壌汚染も引き起こす．汚染された水が循環する過程で，雨水のかたちで水が土壌に吸収されるためである．また，化学肥料の大量使用による土壌の酸性化なども問題になっている．土壌が汚染されると，有益な微生物が死滅するなどの悪影響が出る．

　すでに述べたように，水は地球上を循環しているため，その間にさまざまな汚染を受ける．汚染を受けた水を安全な水に変えるには，多くのエネルギーと時間を必要とする．毎日の生活で水を無駄に消費することは，エネルギーの消費と地球環境の悪化にもつながるのである．

第6章 生活材料今昔物語
- プラスチックの化学

　風呂桶，まな板，水道管，バケツ，眼鏡のレンズ，ボトル，……．これらに共通する特徴がわかりますか？これらは昔，木，金属，ガラスなどでできていたのに，今ではほとんどが別の材料でできているものなのです．その別の材料とは何でしょうか．軽くて，カラフルで，落としても割れない，錆びない，腐らない，… そう，石油から作ったプラスチックです．

　家の中にあるものをよく見てください．プラスチック製品であふれているでしょう．部屋の天井，壁，床，合成繊維でできた衣服，ボタンやファスナー，台所には，はし，調味料の容器，ラップフィルム，文具なら定規，下敷き，ボールペン，消しゴムなど．電気製品，情報機器，磁気媒体も外側はほとんどプラスチックでできていますし，自動車，電車，飛行機なども，プラスチックでできている部分が増えています．

　このように，私たちの生活はプラスチック抜きでは語れなくなっていますが，プラスチックとはそもそもどのような物質なのでしょうか．なぜ，こんなに急激に普及したのでしょうか．また，使い続けるためには資源や環境の面も考える必要があります．果たしてリサイクルはできるのでしょうか．

　この章では，そのプラスチックについて，化学の眼で見ていきます．

6-1　プラスチックの正体は？

「明日はプラスチックゴミの日よ．今からまとめておこうかしら．この柄がとれたバケツ，プラスチックゴミでいいの？」

「OKだよ．基本的には，プラスチック製品のマークが付いているものがプラスチックゴミだよ．でも，自治体によっては，マークが付いていてもプラスチックゴミには分類されないものもあるからややこしいね」

「そういう父さんは何を捨ててるの？」

「あ，いや，さっき食べたお菓子の袋を捨てようかなと…」

「朝からそんなもの食べてるから太るのよ，まったく．でも，そもそもプラスチックって何なの？　何となくイメージはあるけど」

「一般的には『石油から合成された高分子物質で可塑性のあるもの』をプラスチックと呼んでる」

「高分子については何となくわかるけど，『カソセイ』って？…」

「可塑性とは，力をかけると変形でき，力を取り去っても元に戻らない性質という意味だ．粘土みたいに自由に形が作れるものを想像すればいいよ」

「プラスチックには大きく分けて2種類があるって聞いたことがあるよ」

「その通り．一つが熱可塑性プラスチックで，これは加熱すると柔らかくなるんだ．ほしい形にし，そのまま冷やすと固まるわけ」

「チョコレートみたいなものね」

「もう一つが熱硬化性プラスチック．これは最初に形を作っておいて，後から熱を加えると硬くなり，もう柔らかくならない」

「こっちはクッキーね．ひと口にプラスチックといっても，種類があるんだね」

「今は，水道管もポリ塩化ビニルというプラスチックでできているんだよ．身の回りは，見えるところも見えないところもプラスチックであふれているのさ」

> **ワンポイント**
> **プラスチックの生産量**
> 日本では，ポリエチレン，ポリプロピレン，ポリ塩化ビニル，ポリスチレン，ポリエチレンテレフタレートの順に生産量が多い．

> **ワンポイント**
> **付加重合の例**
> $n(\text{CH}_2=\text{CH}_2) \longrightarrow \text{\textminus}(\text{CH}_2-\text{CH}_2)_n\text{\textminus}$
> エチレン　　　　　ポリエチレン

◆ 身の回りのプラスチック製品とその構造

　ボトル，チューブ，カップ，トレイ，袋，ラップなど，身の回りの製品には，用途に合わせてさまざまなプラスチックが使われている．

　プラスチックを作っている分子は，繊維と同様に，ある分子（**モノマー**）が繰り返しつながった構造をしている（これをポリマーという）．モノマーは石油から作られる化合物で，いろいろな種類がある．また，モノマーをつなげてポリマーにする化学反応のことを重合という．

　重合の方法は大きく分けて二つあり，その一つは付加重合である．モノマー内部で炭素どうしが2本の手でつながれている場合に，このうち1本の手を切ってモノマーどうしの手につなぎ変える方法である．もう一つは縮合重合で，モノマーの両端にある原子の組どうしが，水などの簡単な分子がとれながらつながっていく方法である．

プラスチックの名前は，「ポリ＋モノマーの名前」というようにつける．たとえば，ポリスチレンという名前は「スチレン」というモノマーがたくさんつながったプラスチックであることを示している．おもなプラスチックの繰り返し単位を図6.1に示す．

おもなプラスチックの用途も表6.1に示す．身近なところでは，ポリエチレンは袋やフィルムなどの包装材に，ポリプロピレンは密閉容器や荷造りひもに，ポリ塩化ビニルは水道管に，ポリスチレンは発泡させて食品用トレイ

図6.1 おもなプラスチックの構造

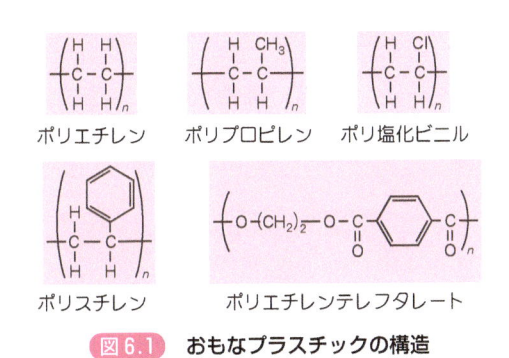

表6.1 おもなプラスチックの性質と用途

種類	性質	用途の例
低密度ポリエチレン (LDPE)	比重小 (< 0.94) 電気絶縁性大 耐水性大 耐薬品性大	ゴミ袋，ラップフィルム，食品容器
高密度ポリエチレン (HDPE)	電気絶縁性大 耐水性大 耐薬品性大	シャンプー容器，バケツ，灯油タンク，コンテナ
ポリプロピレン (PP)	比重小 (0.90〜0.91) 電気絶縁性大 強度大	自動車部品，家電部品，密閉容器，キャップ，荷造りひも
ポリ塩化ビニル (PVC)	比重大 (1.4) 燃えにくい	上・下水道管，雨樋・窓サッシ，床材・壁紙，ホース
ポリスチレン (PS)	電気絶縁性大 ベンジン・シンナーに溶解	CDケース，食品容器
ポリエチレンテレフタレート (PET)	強度大 透明性大 ガスバリア性大	磁気テープ，クリアホルダー，飲料用ボトル

に，ポリエチレンテレフタレートはペットボトルに使われている．

◆ 熱に融けるプラスチックと固まるプラスチック

プラスチックは熱に対する性質の違いにより，**熱可塑性プラスチック**と**熱硬化性プラスチック**に大きく分けられる（図6.2）．

熱可塑性プラスチックは，熱を加えると軟らかくなるが，冷やすとまた硬くなるプラスチックである．長く伸びた鎖状高分子が不規則に並んでいるため，加熱すると分子間の結合が切れてさまざまな形に変形する．冷やすと再び分子どうしが結合して固まる．

熱硬化性プラスチックは，加熱すると分子の間で結合が起こり，網目状に結ばれて固まるプラスチックである．再度加熱しても軟らかくならない．

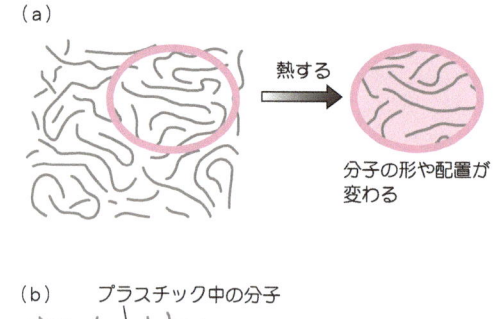

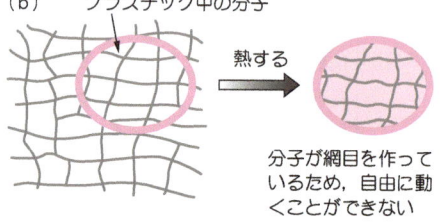

図6.2 （a）熱可塑性プラスチックと（b）熱硬化性プラスチック

ちょいムズ　発泡スチロールの作り方

プラスチックに気体を混ぜると，気体が小さな泡になってプラスチックの中に入る（パンを想像してほしい）．これを発泡プラスチックといい，多量の気泡を含んだ構造をしているため，軽い，熱を伝えにくい，衝撃を吸収するなどの性質をもつ．

この発泡プラスチックの代表が発泡スチロールであり，食品用のトレイや包装用の衝撃吸収材として多用されている．浮力材，建物用の断熱材や防音材，土木工事用の軽量盛土材やコンクリート用型枠などのように，巨大なブロックのかたちでも利用されている．

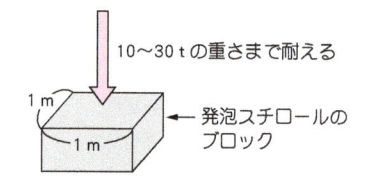

6-2　どこまで広がるプラスチック

「父さんや母さんの子どもの頃からプラスチックってあったの？」

「もちろんあったけど，今のように何でもかんでもプラスチックという感じではなかったわねえ」

「なぜプラスチックがこんなに使われるようになったのかわかるかい？『軽い』，『加熱して溶かすといろいろな形を作れる』などの優れた性質があるからなんだよ」

「プラスチックってすごいのね．いい点ばっかりじゃない．超優等生？」

「いや，いいことばかりではないんだよ．ほこりや油汚れが付きやすく，熱にも弱い．でも，これらの短所がどんどん改良されているから，これほど広がったのさ」

「誰か，父さんのお腹も脂肪が付きにくいように改良してくれないものかしら…．で，改良って，どんなことをするの？」

「多いのは表面を変える加工だね．たとえばコート液を塗ってから熱や光で処理すると，硬い膜ができて傷つきにくくなる．レンズや窓ガラスなど，透明でないと困るようなものに使われている加工法だ」

「プラスチックもどんどん進化してるのね」

「他には何があるかなあ…．そうだ，陽子のラケットはカーボン製だろ？　これは，プラスチックの中に炭素繊維が埋め込まれている素材なんだ．軽くて丈夫だから，スペースシャトルにも使われる材料なのさ」

◆ プラスチックの長所と短所

　表6.1でも見たように，プラスチックの種類により若干性質が異なるが，プラスチックにはほぼ共通した長所や短所がある（表6.2）．

　プラスチックは，木のように腐ったりカビが生えたりしない，鉄のように錆びたりもしない，軽くていろいろな色がつけられるなど，その圧倒的な長所のため，いまや大量に使われる材料となった．

表6.2　プラスチックの長所と短所

長　所	短　所
軽い	熱に弱い
形を作りやすい	紫外線に弱い
寸法が安定である	表面が傷つきやすい
酸や塩基に強い	気体を通しやすい
電気を伝えにくい	衝撃に弱い
熱を伝えにくい	溶剤に弱い
錆びない・カビない・腐らない	静電気が溜まる
着色できる	油汚れが付きやすい
安価で大量生産できる	他のものと貼り合わせにくい

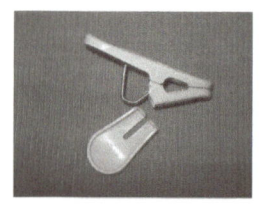

6章 ◆ 生活材料今昔物語 ―プラスチックの化学

日光によって劣化し,割れた洗濯ばさみ.

しかし,そんなプラスチックにも短所はある.洗濯バサミや園芸用のプランターなどがもろくひび割れてくるのは,プラスチックが光に弱いためであるが,なぜ弱いのだろうか.6-1で述べたように,鎖状高分子の炭素の軸には水素,酸素,塩素,ベンゼン環などが結合している.これらの結合は,たとえばガラス(ケイ素と酸素が交互に結合)に比べてあまり強くないので,熱や光によって分解してしまう.そのため,プラスチックがもろくなったりするのである.

また,他にも以下のような欠点がある.プラスチックの分子構造には水となじむ部分が少なく電気を通さない構造なので,表面に静電気が溜まり,ほこりを引きつける.一方,油とはなじみやすいので,油汚れが付きやすい.さらに,他のものと結合できる部分も少なく,貼り合わせがしにくい.

◆ **プラスチックを改良し,さらに高機能に**

プラスチックのさまざまな欠点を改良する試みもなされており,耐熱性,硬さ,電導性などが強化されたものが出てきている.これらのプラスチックでは,分子の構造や並び方を変える,表面を加工する,別の材料を貼り合わせる,繊維を埋め込むなど,いろいろな工夫がなされている.

たとえば,プラスチック表面の分子に水と結合しやすい部分(ヒドロキシ基やカルボキシ基)を入れると,ほこりや油汚れが付きにくくなる.これには,薬剤を使う方法や,酸素や窒素を直接プラスチック表面に結合させる方法がある.

気体透過性の違ういくつかのプラスチックフィルムを貼り合わせ,湿気や酸素を通しにくくしたプラスチックもあり,食品の包装材などに使われている.

CDもプラスチック.

ちょいムズ　光ディスクもプラスチック

光ディスクとは,レーザー光の反射により情報を読み書きする記録媒体であり,その一つにコンパクトディスク(CD)がある.CDの断面を図6.3に示す.ちなみに,DVDはCDを2枚重ねた構造になっている.

本体(基材)には透明度が高く,非常に硬いポリカーボネートというプラスチックが使われており,100℃を超す温度に熱して金型に押し付ける方法で小さな凹凸がつけられている.凹凸面にアルミニウムを気体にして積み上げた(これを蒸着という)反射層が形成されており,レーザー光を当てると反射層ではね返される.凸部と凹部からの反射光は干渉の有無で明暗が異なるので,凹凸のパターンによってデジタル情報を表現できる.音楽用CDでは,これをアナログ変換して音声として出力する.

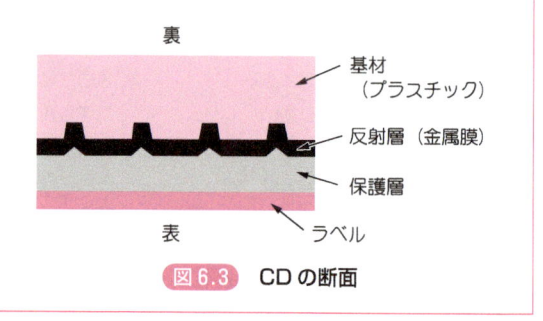

図6.3 CDの断面

割れにくいプラスチックもある．衝撃に強くするために，丈夫な繊維（ガラス繊維，炭素繊維，アラミド繊維など）を混ぜ込んでから固めたプラスチックで，**繊維強化プラスチック**（FRP）と呼ばれている．たとえば，自動車，新幹線，飛行機，船などの乗り物，テニスラケット，スキー，釣り竿などのスポーツ用品，ヘルメット，浴槽など，多方面で利用されている．

> **ワンポイント**
> **炭素繊維**
> アクリル繊維を高温で焼き，炭素の骨格だけにしたもので（図6.4），強度や耐熱性にきわめて優れている．

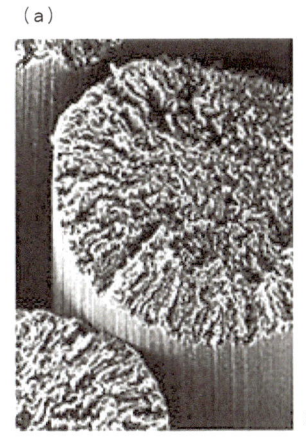

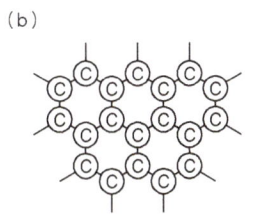

図 6.4　炭素繊維の（a）写真と（b）構造

熱に強いプラスチック

熱に強い耐熱性プラスチックの例を見てみよう．鎖状高分子の構造を工夫すれば，熱に強いプラスチックを作れる．たとえば，炭素の鎖の間にベンゼンの骨格をもつ平らな分子を入れると，分子が積み重なって強く引き合い，熱に強くなる．

代表的な例にアラミド繊維（図6.5a）やポリイミドフィルム（図6.5b）などがあり，500℃までは分解しない．

図 6.5　耐熱性プラスチックの例

6-3　プラスチックってリサイクルできるの？

「いずれ身の回りのものはすべてプラスチックになっちゃうのかしら」

「それはないだろう．プラスチックの主原料は石油だぞ．石油は限りある資源だからね．あ，でも，リサイクルすればいいのか」

「それがけっこう難しいんだ．プラスチックのリサイクル法はおもに三つあって，一つはプラスチックの熱可塑性（熱を加えると融ける性質）を活かしたリサイクルだ．いったん融かして他の製品にするんだよ．たとえばペットボトルを融かして細い穴から押し出すと，フリースができるのさ」

「へえー．リサイクルで作られるフリースもあるのね」

「そうなんだ．材料として再利用するから，マテリアルリサイクルと呼ばれているんだよ．でも，ペットボトルはまだやりやすいんだけど，繊維強化プラスチックのような複合材料だと，プラスチックだけを取り出すのが難しいんだ」

「そうなのかあ．リサイクルの二つ目の方法は何なの？」

「ケミカルリサイクルという方法なんだけど，収率などの点で問題があるんだよ．三つ目は，サーマルリサイクルという方法だ．でも，これは燃やして燃料にするという方法だから，リサイクルというには抵抗があるね」

「リサイクルって難しいのねえ」

「プラスチックにはいろいろな種類があるから，リサイクルしようと思うと，種類ごとに分けなきゃいけないのもネックだね．細かく分別して収集している自治体は少ないし，商品の表示もペットボトル以外は同じプラマークだからなあ」

「生物を原料としたバイオプラスチックも出てきてはいるけど，まだまだ少ないし，結局，今のところ，どんどん石油を使ってプラスチックを作ってるわけだね」

「繊維もプラスチックも，主原料は石油かあ．石油がなくなったら，本当にどうなっちゃうんだろう」

「その問題を解決したら，ノーベル賞どころじゃないかもね」

ペットボトルをリサイクルしてフリースを作る．

← LINK →

モノマーについては 6-1 参照．

◆ プラスチックのリサイクルの現状

　プラスチックのリサイクルは，おもに**マテリアルリサイクル**と**ケミカルリサイクル**により行われている．

　マテリアルリサイクルは，溶かして別の製品にする再生利用であり，例としてフリースがあげられる．ポリエチレンテレフタレート（PET）をいったん溶かし，細い孔から押し出して繊維にし，衣服を作ることができる．

　ケミカルリサイクルはプラスチックをモノマーに分解して回収し，モノマーを再びつなげてプラスチックを作る方法である．プラスチックの構造を活かした方法であるといえよう．この方法が自由に使えるようになれば，リサイクル問題は解決に向かうと考えられるが，収率の低さなど，まだまだ解

決すべき課題が多い．

　以上のように，リサイクルは簡単ではなく，現状は厳しい．日本では，約20%がマテリアルリサイクル，数%がケミカルリサイクルされているに過ぎない．残りのほぼ半分は燃やされている．燃やしたときの熱を有効利用することを**サーマルリサイクル**と呼んでいるが，プラスチックが再生されるわけではなく，厳密な意味でのリサイクルではない．

　プラスチックリサイクルを推進するためには，まず材質別に分けて回収する必要がある．1989年にはアメリカのプラスチック産業協会が，プラスチック廃棄物の効率的な分別や収集促進のためプラスチック材質表示識別マークを制定している（図6.6）．

　日本においても，2000年の容器包装リサイクル法の完全施行に伴って識別表示が義務化され，プラスチック製品の分別回収と再製品化が開始された．識別マークは，図6.7に示すように，飲料・酒・醤油用ペットボトルには三角マークの1番を，その他のプラスチック製容器包装にはプラマークを使用するよう統一されている．なお，プラマークにはプラスチックの種類を表すPEやPPなどの略号を付け加えることが推奨されている．

1 PET	2 HDPE	3 PVC	4 LDPE	5 PP	6 PS	7 OTHER
ポリエチレンテレフタレート	高密度ポリエチレン	塩化ビニル樹脂	低密度ポリエチレン	ポリプロピレン	ポリスチレン	その他

図6.6 プラスチック材質表示識別マーク

図6.7 日本におけるプラスチック材質表示識別マーク

◆ 植物から作る生分解性プラスチック

　微生物がもつ酵素の働きで小さな分子に分解され，さらにこれが消化され，最終的には水と二酸化炭素に分解されるようなプラスチックを**生分解性プラスチック**と呼ぶ．土に還るので環境に優しいプラスチックとして提案さ

れている．ただし，分解されるためには炭素の鎖の間に酸素を入れる必要がある．

　生分解性プラスチックには石油を原料とするものもあるが，生物原料（バイオマス）から作るものもある．これをとくに，**バイオマスプラスチック**と呼ぶこともある．代表的なものに，トウモロコシなどのデンプンを原料とした**ポリ乳酸**がある．脱石油化を目指した試みであるといえるだろう．また，微生物の発酵を利用して得た原料と石油から作る生分解性ポリエステルがある．これらの構造を図 6.8 に示す．

図 6.8　ポリ乳酸（左）と生分解性ポリエステル（右）

　生分解性プラスチックの特性を活かした用途として，移植用苗ポット，釣り糸，漁網，保水シート，紙オムツ，ゴミ袋，水切り，手術用縫合糸，骨折固定材，包装，製本，製紙の際に用いる接着剤などへの利用が期待されており，その一部はすでに実現している（図 6.9）．

図 6.9　生分解プラスチックを使った製品の例

　しかし現状では，期待ほど応用展開が進んでおらず，まだ多くの課題を抱えている．例をあげると，微生物によって分解されるには，炭素の鎖の間に酸素を入れる必要があるが，これにはコストがかかる．また，分解生成物の二酸化炭素は地球温暖化の原因物質といわれているし，微生物の遮断ができないので食品包装には不適当である．さらには，使い捨てを前提としているため，リサイクルやリユースには向かない．

第7章 お料理は化学実験
－ 料理の化学

　食品や食材を調理して料理を作る過程は，化学実験によく似ているといえます．食品や食材は試薬に，調理器具は実験器具に，そして調理作業は実験操作にあたります．

　調理は，食品や食材を「洗う」，適当な大きさに「切る」，「刻む」，「挽く」ことから始まります．加熱する方法には「炊く」，「ゆでる」，「蒸す」，「煮る」，「揚げる」，「炒める」などがあります．その間，必要に応じて「混ぜる」，「こねる」，「溶かす」，「抽出する」，「こす」，「煮詰める」，「乾かす」，「冷やす」などの操作を行います．また，食品や食材の重さや体積，調理の温度や時間などをきちんと「計る」ことも重要です．このような操作によって食品や食材に含まれている成分の化学変化が起こるわけです．

　長年にわたってヒトは，食品や食材の味や栄養を生かす調理方法を工夫してきました．しかし，料理のおいしさを左右するのは，何より調理上の基本操作の上手下手です．

　食事は人生最大の楽しみといえます．幸せを求めて，実験開始です．

7-1 栄養バランスは長生きの秘訣

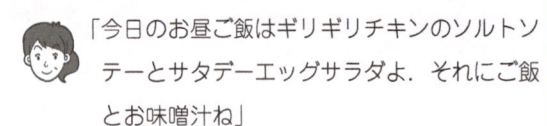

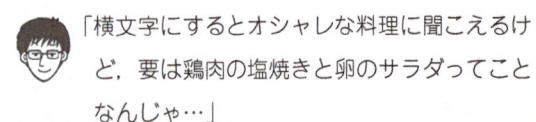

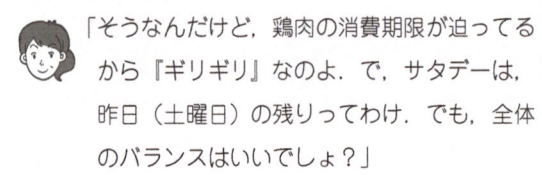

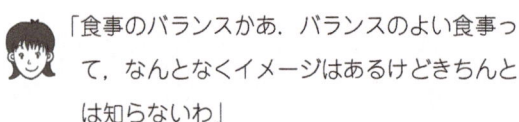

「今日のお昼ご飯はギリギリチキンのソルトソテーとサタデーエッグサラダよ．それにご飯とお味噌汁ね」

「横文字にするとオシャレな料理に聞こえるけど，要は鶏肉の塩焼きと卵のサラダってことなんじゃ…」

「そうなんだけど，鶏肉の消費期限が迫ってるから『ギリギリ』なのよ．で，サタデーは，昨日（土曜日）の残りってわけ．でも，全体のバランスはいいでしょ？」

「食事のバランスかあ．バランスのよい食事って，なんとなくイメージはあるけどきちんとは知らないわ」

「六つの基礎食品群があって，それぞれから素材を選ぶと，バランスよく栄養が摂れるのよ．また，栄養素は五つに分けられているの．おもにエネルギー源になるのが炭水化物，脂質，タンパク質．そして体を調整するのがビタミン，ミネラルね」

「タンパク質とミネラルは体を作るもとにもなるんだよ」

「六つの基礎食品群と五つの栄養素の関係はどうなってるの？」

「たとえば，1群はタンパク質を含んだものだし，3群はビタミンが豊富ね．5群は炭水化物を含んでるわ」

「私は美白効果のあるビタミンCをサプリメントで補給しているの」

「あまり効果が出てないんじゃない？（笑）」

「何いってるの．この白くてツルツルなお肌が目に入らないの？」

「冗談よ．でも，サプリメントも悪くないけど，栄養素は単独ではなくサポートしあって共同で働いているから，いろいろな食材を組み合わせて食べるのが大切よ」

「でも栄養ばかり考えて食べてると味気ないわ．おいしさが一番ね」

栄養バランスを考えよう．

◆ 五大栄養素って？

人間が心身ともに健康に生きていくためには，食事を楽しみながら，必要な栄養素を過不足なく摂取することが必要である．

おもな栄養素には，**炭水化物**，**脂質**，**タンパク質**，**ビタミン**，**ミネラル**がある（図7.1）．これらを**五大栄養素**といい，このうち，炭水化物，脂質，タンパク質を**三大栄養素**という．

それぞれの栄養素が互いに作用しあってはじめて効率よく栄養として機能するので，多種類の栄養素をバランスよく摂ることが重要である．

◆ 炭水化物，脂質，タンパク質は生きる力となる

炭水化物はグルコース（ブドウ糖）などに分解されたうえで，体内に吸収される．各組織でエネルギー源として利用されるが，余った分は肝臓や筋肉でグリコーゲンとして蓄えられる．エネルギーがなくなると，グリコーゲン

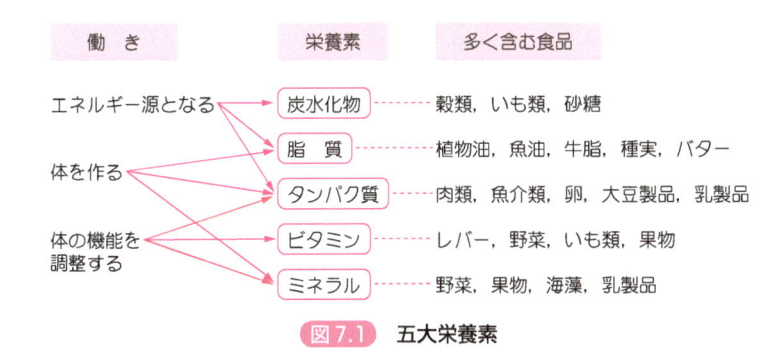

働き	栄養素	多く含む食品
エネルギー源となる	炭水化物	穀類，いも類，砂糖
体を作る	脂質	植物油，魚油，牛脂，種実，バター
	タンパク質	肉類，魚介類，卵，大豆製品，乳製品
体の機能を調整する	ビタミン	レバー，野菜，いも類，果物
	ミネラル	野菜，果物，海藻，乳製品

図7.1　五大栄養素

は再びグルコースに転換されてエネルギーの生成に使われるが，余分なグルコースは脂質となって肝臓や脂肪組織に貯蔵される．また，グルコースは呼吸代謝による反応過程（解糖系，クエン酸回路，電子伝達系）で，エネルギー源となるアデノシン三リン酸を生成する．この際，炭水化物1gは4キロカロリーのエネルギーを生む．

　脂質は脂肪酸とグリセロールに分解されてから体内に吸収され，血液によって皮下，腹腔，筋肉の間などにある脂肪組織に運ばれて体脂肪として貯蔵される．体脂肪は必要に応じてエネルギー源として消費される．この際，脂質1gは9キロカロリーのエネルギーを生む．肝臓に貯えられた脂質は，細胞膜，神経，ホルモンなどの材料になる．

　タンパク質はアミノ酸に分解されてから体内に吸収される．体内でタンパク質に再合成され，筋肉や内臓などの体の組織となる．また，身体の機能を助ける酵素やホルモンなどの材料にもなるし，エネルギー源として使われることもある．

◆ ビタミンは生命を与える物質

　ビタミンとは「生命の（vital）」＋「アミン（amine）」を語源とする．体の機能を調節したり維持したりするために欠かせない微量栄養素であり，これまでに13種類が見つかっている．ビタミンは油に溶けやすい**脂溶性ビタミン**（A，D，E，K）と，水に溶けやすい**水溶性ビタミン**（B_1，B_2，ナイアシン，B_6，B_{12}，葉酸，ビオチン，パントテン酸，C）に分けられる．

　脂溶性ビタミンは体内に蓄積ができるが，水溶性ビタミンはたくさん摂取しても必要分以外は排泄されてしまうので，毎日補給する必要がある．ある種のビタミンは過剰摂取すると健康障害を起こすことがあるので，サプリメントのとりすぎには注意したい．

◆ ミネラルを摂って，丈夫な歯や骨を

栄養学でいうミネラルとは，炭素，水素，酸素，窒素以外の元素を指す．おもな働きは，骨や歯などの体の構成成分になる，体液のバランスを調節する，酵素の成分になる，神経や筋肉の働きを調整する，などである．

摂取しなければ病気（欠乏症）になってしまうミネラルを**必須ミネラル**といい，ナトリウム，カリウム，カルシウム，マグネシウム，リン，鉄，塩素，イオウ，亜鉛，銅，セレン，ヨウ素，クロム，マンガン，モリブデン，コバルトの 16 種類がこれにあたる．

◆ 六つの食品群をバランスよく食べよう

栄養バランスのとれた食事をするには，多種多様な食品から適切に食材を選んで組み合わせなければならない．しかし「適切に選ぶ」にはどうすればよいのだろうか．

それには，栄養的特徴が似た食品をグループに分け，各グループから偏りなく選ぶという方法がある．グループを三つ，四つ，六つに分ける方法があるが，小中学校の栄養教育では表 7.1 に示す六つのグループ分けが用いられている．これらのグループから偏りなく食材を選べば，バランスのよい食事となる．

> **ワンポイント**
> **栄養素の量**
> 食品に含まれる栄養素の量は，季節や産地，鮮度や保存方法，調理法などで大きく変わる．旬のものを旬の時期に食べるのが，栄養的にもよい．

表 7.1　六つの基礎食品群とその働き

食品群	含まれている食品の例	おもな働き
1 群	魚・肉・卵・大豆	体を作る
2 群	牛乳・乳製品・海藻・小魚	
3 群	緑黄色野菜	体調を整える
4 群	淡色野菜・果物	
5 群	穀類・いも類・砂糖	エネルギー源となる
6 群	油脂類・脂肪の多い食品	

厚生労働省と農林水産省が共同して，1 日に「何を」「どれだけ」食べたらよいかの目安をわかりやすくイラストで示した「食事バランスガイド」を作っている（図 7.2）．

◆ 意外に少ない？ 味の種類

甘味，塩味，酸味，苦味，うま味を五つの基本味という．このうち，うま味は日本人が発見した味覚で，うま味調味料も日本で開発された．

東京帝国大学の池田菊苗が，1908 年に昆布に含まれるうま味成分がグル

> **ワンポイント**
> **辛さや渋さ**
> 辛みや渋みは痛覚への刺激であり，味とは区別される．

図 7.2　食事バランスガイド

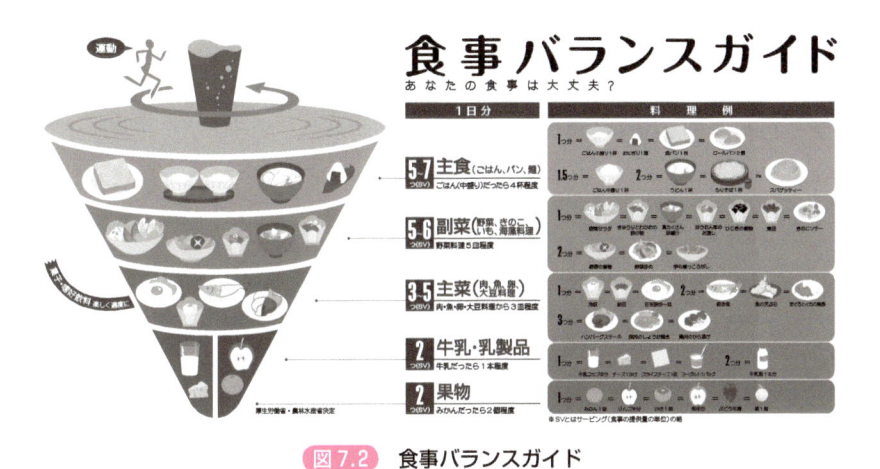

池田菊苗
1864〜1936. 京都出身の化学者で東京帝国大学（現在の東京大学）教授. 夏目漱石と親交があったことでも知られる.

タミン酸ナトリウムであることを発見し，調味料として用いることについて特許を得た．これを商品化したのが「味の素」である．さらに，1913 年に池田の弟子である小玉新太郎が，かつお節のうま味成分がイノシン酸塩であることを，1960 年に国中明がしいたけのうま味成分がグアニル酸塩であることを確認した．

7-2　ご飯をおいしく炊くには

「ご飯も炊かないといけないわね．お米を洗っておいてくれない？　お米を洗うのはデンプン以外の成分を取り除くためなの．それには，1〜2 回目は大量の水で素早く洗い，さらに 3〜4 回洗うのがコツよ」

「ふ〜ん，デンプンか．学校で習ったけど，どんなものだったっけ？」

「グルコースという分子がつながった高分子さ．デンプンには 2 種類あって，一つは分子がまっすぐにつながったアミロース．もう一つはビン洗いのブラシみたいに枝分かれしてつながったアミロペクチンだ」

「難しいわね．デンプンでチンプンカンプンだわ．そういえば，綿やレーヨンを作っているセルロースも，グルコース分子がつながったものじゃなかったっけ？」

「その通り．お米と繊維はぜんぜん違うけど，デンプンもセルロースも同じものがつながったものなんだよ．簡単にいうと，グルコースのつながり方が違うんだ」

「食べるものと着るものは，実は同じものがつながったものなのね．面白いわね」

「セルロースはぎっしり集合したすき間のないつながり方，デンプンは大きなすき間があるつながり方をしてるんだよ」

「ご飯といえば，最近，おひつがブームらしいわよ．お隣の義部図さんも買ったって．本当においしくなるっていってたわ」

「おにぎり，カレーライス，丼，お茶漬け…ご飯がない生活なんて，考えられないね」

◆ 穀類の主成分，デンプン

米や小麦などの穀類の主成分は**デンプン**である．デンプンには**アミロース**と**アミロペクチン**の2種類がある．いずれもグルコース分子がつながってできたものだが，アミロースは一直線なのに対し，アミロペクチンは枝分かれしている（図7.3a）．

> **ワンポイント**
> **ヨウ素デンプン反応**
> デンプンはグルコース分子が6個で一回りしたらせん構造をしていて，空洞部分にヨウ素が入り込むと色がつく．これをヨウ素デンプン反応という（図7.3b）．アミロースでは青〜青紫色となり，らせん構造の短いアミロペクチンでは赤紫色となる．この反応は，デンプンの検出に用いられる．

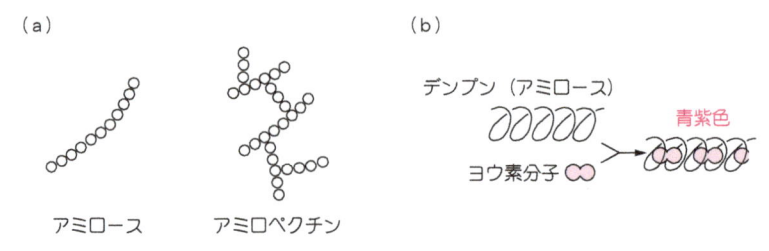

図7.3 （a）アミロースとアミロペクチンの構造と（b）ヨウ素デンプン反応

◆ 米の構造と上手な炊き方

米には**うるち米**（こちらが普通のお米）と**もち米**があり，うるち米は炊いて，もち米は蒸して調理する．その理由は，もち米のデンプンはアミロペクチン100%で，吸水力が強く，炊くと粘って固まるからである．

うるち米の炊飯は，洗米，浸水，加熱，蒸らしの順に行う．おいしくご飯を炊くには各段階で気をつけることがある．以下，順に見ていこう．

・米の洗い方

1〜2回目はおもに精米でとりきれなかったヌカ（脂肪や灰分など）が流れ出てくるので，放っておくとヌカのにおいが水と一緒に米に染み込んでしまう．そのため，手早く行うことが大切である．ただし，洗いすぎるとデンプン，ビタミンB_1が流れ出るので，完全に透明になるまで繰り返すのはよくない．1〜2回目は大量の水で素早く洗い，さらに3〜4回洗うのがよいとされている．

> **ワンポイント**
> **玄米**
> 稲を収穫し，もみがらをとった米が玄米である（図7.4）．玄米からヌカを取り去ることを精米という．

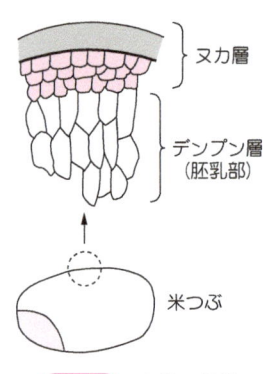

図7.4 玄米の組織

ちょいムズ　消化酵素と米の老化

米にはアミラーゼやプロテアーゼなどの酵素が含まれている．炊飯の過程でこれらの酵素がデンプンやタンパク質に作用してマルトース（麦芽糖）やアミノ酸が生成するので，ご飯がおいしくなる．

一方，炊いたご飯を冷蔵庫に入れておくと，硬く，ぼろぼろになる．これを老化という．デンプン分子が規則的に並ぶようになるために老化が起こる．

老化を防ぐには，炊飯後，急速冷凍し，食べる前に電子レンジで加熱すればよい．このとき，なるべく一気に温度を下げるのがコツである．

- 米を水に浸ける

炊飯前に米を一定時間（30分〜1時間）水に浸けて吸水させる必要がある．吸水が十分でないと，後で述べるようにデンプンの糊化温度が高くなり，芯ができる．

まずは洗おう．

- いよいよ加熱

植物が光合成で作ったデンプンは直径数 μm の顆粒になっていて，一部は分子が規則正しく並んでいる（β-デンプン）．加熱すると，アミロースとアミロペクチンの鎖がほどけて規則性が失われ，水が入り込んで柔らかくなる（α-デンプン）．これをデンプンの**糊化**という（図7.5）．米のデンプンの糊化には，100 ℃近い高温が必要である．

水を吸収させよう．

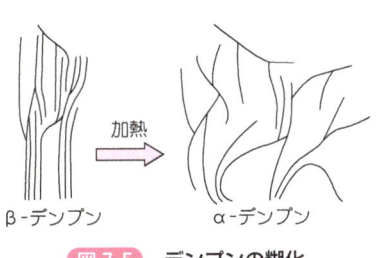

図7.5　デンプンの糊化

- 最後に蒸らす

デンプンを完全に糊化させ，米粒表面の余分な水分をなくすために，炊飯後，10〜15分おいておき，蒸らす．さらに，食べる前に軽くかき混ぜると，余分な蒸気が逃げて米粒の表面が乾く．

7-3　温泉卵は温度がポイント

「さて，お米は洗ったし，今度はサラダに追加するゆで卵を作ってくれない？　そういえば，この前ゆで卵を作ったら，小さな割れ目から卵白が出てしまったの．何がいけなかったんだろう」

「塩やお酢を入れてゆでるといいよ．塩やお酢が，卵白の主成分であるタンパク質を固めるんだ．割れ目から出ようとする卵白を固めてフタをしちゃうわけさ」

「なるほどねえ．でも，そもそも，卵を加熱すると固まるのはなぜなの？」

「簡単にいうと，加熱するとタンパク質の立体構造が壊れるので固まるんだよ．これをタンパク質の変性というんだ」

「じゃあ私は昨日のゆで卵を切っておくわね．（スパッ）アイヤー，黄身の周りが黒っぽくなってるー．このゆで卵，もう腐ってんじゃない？」

「卵をゆでると卵白中の硫黄が卵黄の鉄と結合して，硫化鉄（Ⅱ）という黒い物質が生成するのさ．腐ってるわけじゃないよ」

「ふーん．卵をゆでるといろいろな化学反応が起きるのね．温泉好きの私としては，温泉卵もニーハオなんだけど，あれはどうやって作るの？」

「（ニーハオはあいさつだろ…．）卵黄と卵白はタンパク質の種類が違うので，固まる温度が違うんだ．65〜70℃は，卵黄は固まるけど卵白は固まらない温度なんだ．だから，この温度に保つと温泉卵ができるってわけ」

「面白そうだから，今度やってみようっと．うまくいったら食べさせてあげるね」

◆ アミノ酸がつながってタンパク質ができる

タンパク質は**アミノ酸**という物質がたくさんつながってできたものであり，アミノ酸はカルボキシ基（–COOH）とアミノ基（–NH$_2$）をもつ．アミノ酸Aのカルボキシ基とアミノ酸Bのアミノ基の間で水がとれて結合するが，この結合を**ペプチド結合**という．図7.6のように，アミノ酸が次々とペプチド結合によって連結したものがタンパク質である（図7.6）．図ではAからEの五つのアミノ酸しか描かれていないが，通常のタンパク質では数百〜数千個のアミノ酸がつながっている．

ヒトの体のタンパク質を構成しているアミノ酸は20種類ある．これらのうち，体内で合成できないアミノ酸が9種類あり，これらは食品から摂る必要があるので**必須アミノ酸**と呼ばれている．必須アミノ酸のバランスで，そのタンパク質の「質」が決まる．

ワンポイント
必須アミノ酸
トリプトファン，リシン，メチオニン，フェニルアラニン，トレオニン，バリン，ロイシン，イソロイシン，ヒスチジンの9種類．

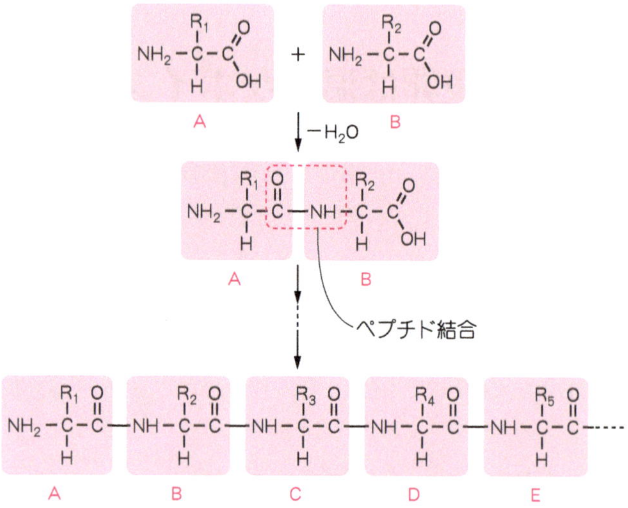

図7.6 アミノ酸からタンパク質へ

◆ 栄養満点の卵の秘密

卵には必須アミノ酸がバランスよく含まれており，もっともタンパク質の栄養価が高い食品といわれている．

卵のタンパク質は，複雑な形をしている．加熱するとこの構造が壊れてタンパク質の鎖がほどける（図7.7）．これを**熱変性**という．卵が熱変性すると，内部にあったアミノ酸（水となじみにくい）が表面に出てくるので，卵が水に溶けなくなる．すなわち，固まってしまうわけだ．目玉焼きやゆで卵が固まっているのは，このような理由による．

卵黄と卵白は，含まれているタンパク質が違うので，固まる温度が異なる．卵黄は64℃で固まり始め，70℃で完全に固まる．一方，卵白は58℃くらいから固まり始め，完全に凝固するには80℃以上の温度が必要である．

この温度差を利用したのが温泉卵である．65〜70℃に温度を保つと，卵黄は凝固するが卵白は凝固しないので，黄身はある程度固まっているが白身はとろとろの温泉卵ができる．

なぜ黄身だけが固まるのか．

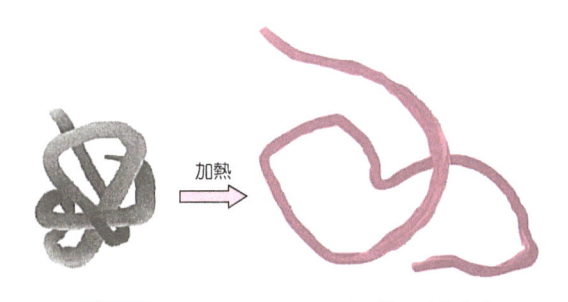

図7.7 熱変性によるタンパク質の構造変化

7-4　発酵は台所のバイオテクノロジー

「お醤油が残り少ないわね．朝食用の納豆もないわ．そういえば，醤油と納豆はどちらも大豆を発酵させて作るものね」

「ハッコーって，私みたいな人のこと？　薄幸の美人ってよくいうじゃな…」

「（遮り）発酵とは，微生物が，原料に含まれている成分から有用な物質を作り出すことだよ．一種のバイオテクノロジーだね．8000年前にはすでにワインが作られていたという話もあるよ」

「8000年！　中国四千年の歴史もビックリあるヨ」

「日本の醤油も今や世界的な調味料だね．醤油は，もともとは大豆からではなく，魚介類から作っていたんだ．これを魚醤っていうんだよ」

7章 ◆ お料理は化学実験 ―料理の化学

「巨匠?」「星三つ、いただきました〜」ってやつ?

「違う、魚醤ね。石川県のいしるや、秋田県のしょっつるがそうだよ。タイのナンプラーやベトナムのニョクマムもそうだね」

「へえー。昔の醤油は今とは違うもので作っていたのね。他にはどんな発酵食品があるのかしら?」

「たとえばヨーグルトがそうだ。牛乳にヨーグルトを混ぜて、40℃くらいで一晩置いておくだけで作れるんだ」

「でもこの前、失敗したわ。牛乳をいったん加熱する時間がなくてそのままヨーグルトを入れて作ったら変な味がしたの。何がいけなかったんだろう」

「なるほど。加熱しなかったので、雑菌が残ってたんだな。雑菌対策は発酵食品を作るときに一番大切なことだよ」

「ちゃんと加熱して、雑菌をバイバイキーンね」

ワンポイント
発酵と腐敗の違い
微生物の代謝活動という点では発酵も腐敗もまったく同じだが、結果的に有害物質や悪臭が発生して人間が食べられないものができた場合を**腐敗**という。いい換えると、人間に有用なものができる場合を発酵、人間に有害なものができる場合を腐敗といっているわけである。

みそは日本を代表する発酵食品。

ワンポイント
麹（こうじ）
蒸した穀物に麹菌（コウジカビ）の胞子を散布して、麹菌を生育させたもの。麹菌が体外に分泌する酵素により、デンプン、タンパク質、脂肪などが非常に高い効率で低分子化される。

◆ 発酵と発酵食品

　発酵とは、細菌、カビ、酵母などの微生物が、エネルギーを得るために有機化合物を無酸素状態で酸化して、有用物質を生み出す作用である。有用物質には、糖質、アミノ酸、有機酸、アルコールなどがある。

　食材に含まれるデンプンや糖、タンパク質などを発酵させて作った食べものを**発酵食品**といい、味わい深く、栄養豊かで、保存性も増す。

◆ あれもこれも発酵食品

　おもな発酵食品と、それを作る微生物を表7.2に示す。以下、このうちのいくつかを取りあげ、解説していこう。

・み そ

　千数百年前に中国から日本に伝えられ、その後、各地に広がった。それぞれの地域にある原料、気候風土、嗜好などにより、多くの種類がある。たとえば原料の麹の違いにより、米みそ、麦みそ、豆みそがある。また、原料の配合量や麹の使用量、熟成期間の違いにより、甘みそと辛みそがある。

　栄養素としては糖分、タンパク質、脂質、食塩などを含む。コウジカビ、酵母、乳酸菌などによってタンパク質が分解されてアミノ酸が生成することを利用した、うま味に富んだ食品である。

・醤 油

　塩につぐ古くからの調味料で、はじめは魚介類を塩に漬け込んで発酵させる魚醤であった。現在では大豆、小麦、塩を材料に用い、それをコウジカビ、酵母、乳酸菌で発酵させて作る。

表7.2 おもな発酵食品と微生物

発酵食品	原料	関与微生物
日本酒	米	コウジカビ, 酵母, 乳酸菌
ワイン	ぶどう	酵母
ビール	大麦	酵母
みそ	大豆, 米, 麦, 塩	コウジカビ, 酵母, 乳酸菌
醤油	大豆, 小麦, 塩	コウジカビ, 酵母, 乳酸菌
食酢	米, 果実, アルコール	酢酸菌
納豆	大豆	納豆菌
漬物	野菜など	乳酸菌
かつお節	カツオ	コウジカビ
パン	小麦粉など	酵母, 乳酸菌
バター	乳	乳酸菌
チーズ	乳	乳酸菌
ヨーグルト	牛乳	乳酸菌

ワンポイント
醤油の色

醤油の色（赤褐色）は，アミノ酸と糖とが反応（メイラード反応）して生じたメラノイジンという色素の色である．

大豆由来のアミノ酸によるうま味，小麦由来の糖による甘み，発酵によって生じたアルコールなどの香気成分による香りをもつ．

・納豆

納豆には，みそと醤油の原形のような寺納豆（塩辛納豆）もあるが，普通は糸引き納豆のことをいう．糸引き納豆は，大豆を煮たり蒸したりし，熱いうちに納豆菌の胞子を植えつけ，約40℃で2日間ほど発酵させたものである．

昔は納豆は稲わらに包まれた状態で売られていたが，これは稲わらに納豆菌がいるためである．さらに稲わらは，温度や湿度を適度に保ち，通気性がよいという発酵に最適な環境を作る．

発酵により納豆のタンパク質が分解してアミノ酸などになり，うま味が出て消化がよくなる．また納豆の糸は，納豆ムチンと呼ばれるタンパク質と糖の混合物である．納豆に醤油をかけると粘りが少なくなるのは，酸性になると，この納豆ムチンが分解してしまうためである．

おいしくて消化もよい納豆．

・ヨーグルトとチーズ

牛や山羊などの乳の成分である乳糖（ラクトース）を乳酸菌で発酵させる

乳を発酵させて作るチーズ．

と，乳酸という物質が生成する．この乳酸と乳タンパク質（カゼイン）が反応して固まり，ヨーグルトとなる．

　一方，乳を牛乳凝固酵素（レンネット）で凝固させ，脱水してから乳酸菌，アオカビ，酵母などで発酵熟成させるとチーズになる．

第8章 生活を彩る驚異の粒子
- コロイドの化学

　1827年，イギリスのブラウンは，花粉が水中で破裂し浮遊した微粒子を顕微鏡で観察しているとき，まるで生きているかのようにたえず不規則な運動をしていることを発見しました．このような不規則な運動（ブラウン運動）は花粉から出る粒子以外でも観察されましたが，その原因は謎でした．

　20世紀になってから，あの有名なアインシュタインらがブラウン運動の研究をしました．その結果，粒子の周りを囲んでいる分子が熱運動によって粒子に衝突しており，これがブラウン運動の原因であることを明らかにしました．

　ブラウン運動が観察される粒子は，ある範囲の大きさをもっています．分子よりは大きいけれど，顕微鏡なしでは見えない大きさです．このような大きさの粒子はコロイド粒子と呼ばれています．

　実は，私たちの身の回りはコロイドであふれていて，そのおかげで便利で快適に暮らすことができているのです．そんな，小さいけれど優れもの，コロイド探しの旅に出ましょうか．

8-1　コロイド粒子って？

「昼ご飯を食べてお腹もふくれたし，アトムの散歩にでもいこうか」

「ワン（いこうぜ）．ワワワンワン（喉が渇くと思うから，帰ってくる頃に水を用意しておいてくれよ）」

「わかったわよ．どこまで入るだろ．（トポトポ）すごい，水面がかなり盛り上がったわ」

「その通り．水を作っている分子どうしはお互いに引き合っているんだ．で，水の内部にいる分子は，上下左右の分子から引っ張られ，引力が釣り合っている．ところが，水面にいる分子は内部の分子からだけ引っ張られている．水面にいる分子がすべて中に入ろうとしたら，表面が縮まろうとすることになる．これが表面張力だ」

「ちょっと難しいけど，何となくわかったわ．じゃあ散歩にいこうか」

「ワウ（はよせい）」

　　　　　てくてくてく…

「うわ，アトム，何飲んでんの？　泥水よ，それ，汚いからやめときなさいよ」

「ウォーーン（きれいに見えたんだけど，飲んでるうちに泥が舞い上がって，汚くなってきた，騙されたぜ）」

「泥は水に溶けないから，泥水は時間が経つと泥が沈殿してきれいに見えるんだ．アトムはそれに騙されたんだな．泥は分子の固まりで，ある範囲の大きさをもち，コロイド粒子と呼ばれている」

「グルルル（どいつがコロイドだ？　よくも騙したな），ガウガウ（かみついてやる）」

「だいたい 1 mm の 1000 分の 1，つまり 1 μm より小さい粒子をコロイド粒子と呼んでるのさ」

「バウー（目に見えないじゃないか，かみつけねーよ）」

「コロイド粒子って大きさだけの問題だったんだ．粒子を作っているものには関係ないのね」

ワンポイント
nm と μm
1 nm は 10 億分の 1 メートル，1 μm は 100 万分の 1 メートルである．

◆ コロイド粒子って？

大きさがおおむね 1 nm（ナノメートル）から 1 μm（マイクロメートル）の範囲にあるものを**コロイド粒子**という．物質の種類には関係なく，この大きさのものはすべてコロイド粒子である．

図 8.1 に示すように，コロイドにはおもに三つのタイプがある．コロイドの多くは，ある物質がもう一つの物質中に微粒子として散らばっている状態をしており，これを**分散コロイド**という．他に，比較的小さい分子が集合体を作りコロイドの大きさになった**会合コロイド**，コロイドの大きさをした単一の分子である**分子コロイド**がある．

◆ 透析でコロイド粒子だけを残す

コロイド粒子は小さな分子やイオンより大きい．そこで，小さい孔の空いたセロファンなどでコロイド粒子，分子，イオンなどが入った液を包んで水

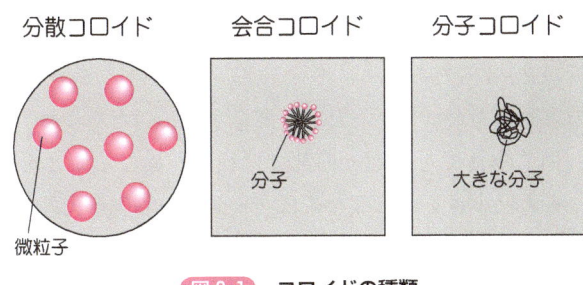

図8.1 コロイドの種類

に浸けると，分子やイオンは孔を通ることができるがコロイド粒子は通ることができない（図8.2）．このようにして，コロイドから不純物を取り除く（精製する）ことができる．この操作を**透析**といい，セロファンのような膜を**半透膜**と呼んでいる．

腎臓は，糸球体という場所で不要な代謝生成物をろ過して尿を作っている．この排泄機能が失われた場合，透析を利用して血液中の不要な老廃物や水分を取り除く**人工透析**が行われる．人工透析には側面に多数の小さな孔を空けた中空糸を束ねた透析器が使われる．中空糸の中に血液を流すと，老廃物や水が小さい孔を通って外側に移行し，赤血球，白血球，血小板，アルブミンなど必要な成分は残る仕組みになっている．

⟵ LINK ⟶
半透膜については第1章参照．

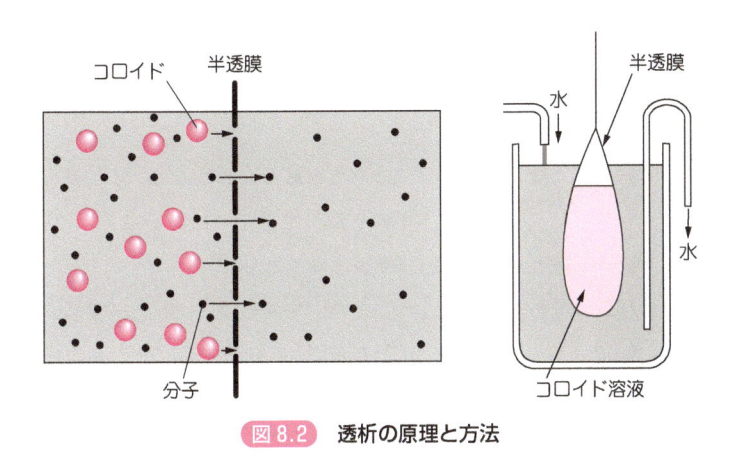

図8.2 透析の原理と方法

◆ 表面張力とコロイドの関係

分子と分子の間には引き合う力が働いており，分子間力と呼ばれている．物体の内部にある分子は，周りの分子との分子間力が釣り合った状態にある．一方，表面の分子は，分子間力のアンバランスが生じ，内部に引き込まれる（第5章の図5.4参照）．このため，表面には収縮しようとする力（**表面張力**）が働いており，分子間力が大きいほど表面張力が大きくなる．たと

LINK
水素結合については第5章参照.

えば，水は水素結合をしているため分子間力が大きく，表面張力はアルコールや炭化水素の2～3倍である.

では，この表面張力がコロイドとどう関係があるのだろうか．表面張力があることは，同じ物体でも表面と内部では性質が異なることを意味している．そして，ものは小さくなればなるほど表面積の割合が大きくなるから，表面の性質が重要になってくる．そして，ある大きさになると，表面の性質が全体の性質を支配するようになる．その大きさがちょうどコロイド粒子の大きさである．すなわち，内部よりも表面の性質が重要になる境目の大きさが，コロイドの大きさということである．

◆ コロイド粒子は電気を帯びている

空気中のほこりは分散コロイドであり，衣服などにくっつく．ほこりも繊維も表面に静電気が溜まって帯電しており，正負で引き合うためである.

また，よく知られているように，水酸化鉄（Ⅲ）のコロイド溶液に電極を入れて直流電圧をかけると，粒子が一方の極に移動するのが観察される．これを**電気泳動**というが，これもコロイド粒子が帯電しているために起こる現象である．このように，コロイド粒子の表面には電気（厳密には電荷）が蓄えられている（図8.3）.

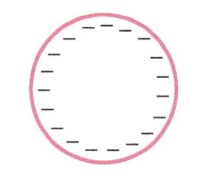

図8.3　コロイド粒子の帯電

8-2　生活を彩るコロイド

「身の回りにはコロイドがいっぱいあるよ．探してごらん」

「おっ，さっそく発見．あそこでベンチに座っているおじさんのタバコの煙．タバコの煙もコロイドだよね」

「ガウー（あのおっさんがコロイドか？　さっきはよくも騙したな）．ガルルル（許さん．かみついてやる）」

「アトム，だから違うって…．身の回りにコロイドはまだまだあるぞ．たとえば乳液は水と油から作られたコロイドなのさ．水と油は混じり合わないんだけど，乳液は水の中に油が小さな滴になって散らばっている状態なんだ．これを乳化状態っていうんだよ」

「バウバウ（あんなところに，オレの大好きな牛乳を飲んでる子どもがいるぞ）．ハッハッ（オレも飲みたいぜ）」

「そうそう．牛乳もコロイドさ．食品にもコロイドが多いんだよ．よし，アトム，当てたご褒美に小屋のペンキを塗り直してやろう．そういえば，ペンキもコロイドだな」

「アオーン（いや，コロイド当てをしてるんじゃなくて，牛乳を飲みたいんだけど……．通じてねえ）」

「あそこで昼間から缶ビールを飲んでるオヤジがいるけど，ビールの泡もコロイドなのさ」

「身の回りにはコロイドが本当にたくさんあるのね」

◆ あれもこれも分散コロイド

ある物質（**分散媒**）の中に別の物質（**分散相**）がコロイド粒子の大きさになって散らばっているものを**分散コロイド**という．分散媒と分散相が，固体，液体，気体のいずれであるかによっていろいろな分散コロイドがある．ただし，分散媒と分散相の両方が気体の場合はない．身近な分散コロイドの例を表8.1に示す．

表8.1　身近な分散コロイド

分散媒	分散相	例
気体	液体	霧，雲，スプレー
	固体	煙，ちり
液体	気体	石けんの泡
	液体	マヨネーズ，牛乳，乳液
	固体	泥水，塗料
固体	気体	発泡スチロール，シリカゲル，活性炭
	液体	オパール
	固体	色ガラス

◆ 牛乳や活性炭もコロイド

牛乳は，水に乳脂肪とカゼインタンパク質が分散した分散コロイドである（図8.4a）．乳脂肪はリン脂質という界面活性剤によって取り囲まれて安定に存在している．カゼインはカルシウムやリン酸と結びつき，ゆるく絡まった構造をしている．

活性炭は，石炭やヤシ殻を高温で焼いて作る．90％以上が炭素で，非常に多くの小さな孔（1～20 nm）が空いている（図8.4b）．つまり，炭素でできた固体の中に空気が分散したコロイドである．このため，内部の表面積がきわめて大きく（1 g あたり 500～2500 m^2），その表面にいろいろな物質を吸着する．空気中の水蒸気やにおい物質も吸着するので，乾燥剤や脱臭剤として用いられている．また，水中の不純物も吸着するので，排水処理や浄水にも使われている．

◀──── LINK ────▶
活性炭については，第8章も参照．

牛乳もコロイド．

84　8章 ◆ 生活を彩る驚異の粒子　─コロイドの化学

(a)

● カゼインタンパク質
● 乳脂肪

カゼイン
リン酸カルシウム
牛乳
リン脂質
乳脂質

(b)

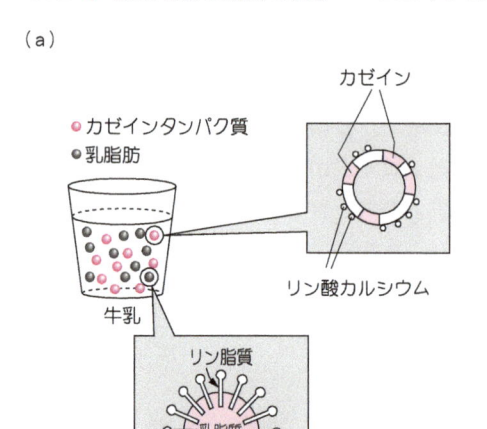

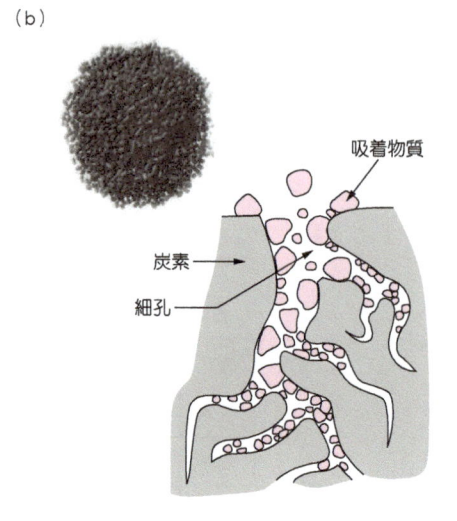

吸着物質
炭素
細孔

図8.4　身近な分散コロイド
(a) 牛乳　(b) 活性炭

8-3　コロイドははかない命

「ねえ，さっきから疑問に思ってたんだけど，なぜコロイド粒子は散らばったままで，浮いたり沈んだりしないの？」

「そもそも，ものが沈むのは重力のせいだよね．ブラウン運動っていう言葉を聞いたことがあるかい？」

「茶色い運動？」意味不明だわ

「ブラウンは色じゃなくて人名なんだよ．小さな粒子に周りの分子が衝突して，不規則に動く運動のことだ．粒子が小さいほど活発なんだよ．で，コロイド粒子の大きさになると，ブラウン運動が重力による動きに打ち勝つから，沈まないわけなのさ」

「なるほど．でも，化粧品とか食品とか，身の回りの製品には分散コロイドが多いけど，ブラウン運動をすればコロイド粒子どうしぶつかるでしょ？　くっつかないのはなぜなの？」

「ドレッシングとマヨネーズは，どちらも油とお酢からできている．ドレッシングは油と水に分かれてしまうけど，マヨネーズは濁ったままだ．これがヒント」

「マヨ(ゎ)ネーズだけに，迷わねえで答えたいところだなあ…．家でマヨネーズを作るときには卵の黄身を入れるけど，それが関係あるとか？」

「大正解．卵の黄身にはレシチンという界面活性剤分子（第3章参照）が入っている．これが油滴の周りにくっついて，油滴を安定に保つんだ」

「分子がくっついた粒子はくっつかなくなるのか．何だかややこしいね」

◆ あれもこれも分散コロイド

ある物質（**分散媒**）の中に別の物質（**分散相**）がコロイド粒子の大きさになって散らばっているものを**分散コロイド**という．分散媒と分散相が，固体，液体，気体のいずれであるかによっていろいろな分散コロイドがある．ただし，分散媒と分散相の両方が気体の場合はない．身近な分散コロイドの例を表 8.1 に示す．

表 8.1　身近な分散コロイド

分散媒	分散相	例
気体	液体	霧，雲，スプレー
	固体	煙，ちり
液体	気体	石けんの泡
	液体	マヨネーズ，牛乳，乳液
	固体	泥水，塗料
固体	気体	発泡スチロール，シリカゲル，活性炭
	液体	オパール
	固体	色ガラス

◆ 牛乳や活性炭もコロイド

牛乳は，水に乳脂肪とカゼインタンパク質が分散した分散コロイドである（図 8.4a）．乳脂肪はリン脂質という界面活性剤によって取り囲まれて安定に存在している．カゼインはカルシウムやリン酸と結びつき，ゆるく絡まった構造をしている．

活性炭は，石炭やヤシ殻を高温で焼いて作る．90% 以上が炭素で，非常に多くの小さな孔（1～20 nm）が空いている（図 8.4b）．つまり，炭素でできた固体の中に空気が分散したコロイドである．このため，内部の表面積がきわめて大きく（1 g あたり 500～2500 m^2），その表面にいろいろな物質を吸着する．空気中の水蒸気やにおい物質も吸着するので，乾燥剤や脱臭剤として用いられている．また，水中の不純物も吸着するので，排水処理や浄水にも使われている．

―← LINK →―
活性炭については，第 8 章も参照．

牛乳もコロイド．

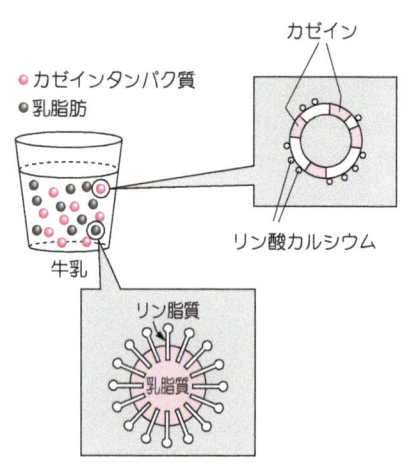

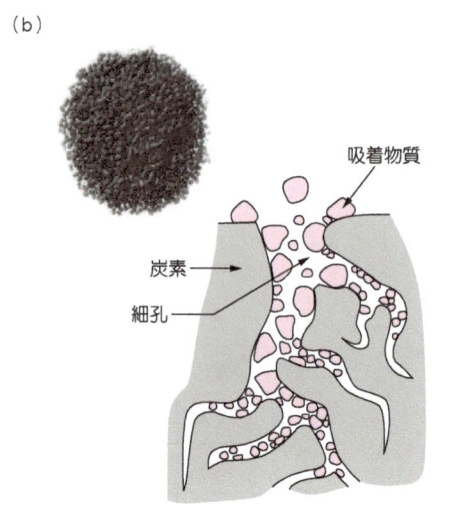

8章 ◆ 生活を彩る驚異の粒子 —コロイドの化学

図 8.4 身近な分散コロイド
（a）牛乳　（b）活性炭

8-3　コロイドははかない命

「ねえ，さっきから疑問に思ってたんだけど，なぜコロイド粒子は散らばったままで，浮いたり沈んだりしないの？」

「そもそも，ものが沈むのは重力のせいだよね．ブラウン運動っていう言葉を聞いたことがあるかい？」

「茶色い運動？」意味不明だわ

「ブラウンは色じゃなくて人名なんだよ．小さな粒子に周りの分子が衝突して，不規則に動く運動のことだ．粒子が小さいほど活発なんだよ．で，コロイド粒子の大きさになると，ブラウン運動が重力による動きに打ち勝つから，沈まないわけなのさ」

「なるほど．でも，化粧品とか食品とか，身の回りの製品には分散コロイドが多いけど，ブラウン運動をすればコロイド粒子どうしぶつかるでしょ？　くっつかないのはなぜなの？」

「ドレッシングとマヨネーズは，どちらも油とお酢からできている．ドレッシングは油と水に分かれてしまうけど，マヨネーズは濁ったままだ．これがヒント」

「マヨ(ゎ)ネーズだけに，迷わねえで答えたいところだなあ…．家でマヨネーズを作るときには卵の黄身を入れるけど，それが関係あるとか？」

「大正解．卵の黄身にはレシチンという界面活性剤分子（第3章参照）が入っている．これが油滴の周りにくっついて，油滴を安定に保つんだ」

「分子がくっついた粒子はくっつかなくなるのか．何だかややこしいね」

◆ 不思議なブラウン運動

コロイド粒子は，不規則な運動をすることがある．これを発見者の名にちなみ，**ブラウン運動**と呼ぶ．当時はなぜこのような動きが生じるのか，原因はわかっていなかった．

後年，アインシュタインが，ブラウン運動は分子が熱運動によって粒子に衝突するために生じる現象であることを示した．さらに，ブラウン運動に関する式を導き，平均移動距離が周りの分子の種類，粒子の大きさ，温度に影響されることを示した．いろいろな大きさのコロイド粒子が20℃の水中で1秒間に移動する平均距離を，アインシュタインの導いた式を用いて計算すると表8.2のようになる（比較しやすくするために，単位はすべてnmに統一してある）．

R. Brown
1773〜1858．イギリスの植物学者．花粉を観察中に，中から出てくる微粒子（花粉そのものではない）の動きから，ブラウン運動を発見した．細胞核を発見したことでも知られる．

表8.2 粒子半径と平均移動距離

粒子の半径 (nm)	平均移動距離 (nm)
1	21,000
10	6,600
100	2,100
1,000	660

粒子半径が1〜10 nmの場合，粒子自身の大きさに比べて動く距離があまりにも大きく，目にもとまらない．一方，粒子半径が1000 nmになれば，粒子自身の大きさほども動けず，動きは非常に鈍い．この中間の大きさである半径100 nm程度の粒子で，もっとも活発なブラウン運動が観察される（図8.5）．

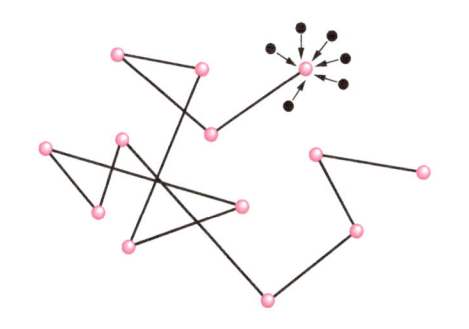

A. Einstein
1879〜1955．ドイツ生まれの物理学者で，1921年にノーベル物理学賞を受賞．20世紀最高の科学者ともいわれる．1922年に来日した．

粒子が小さい場合 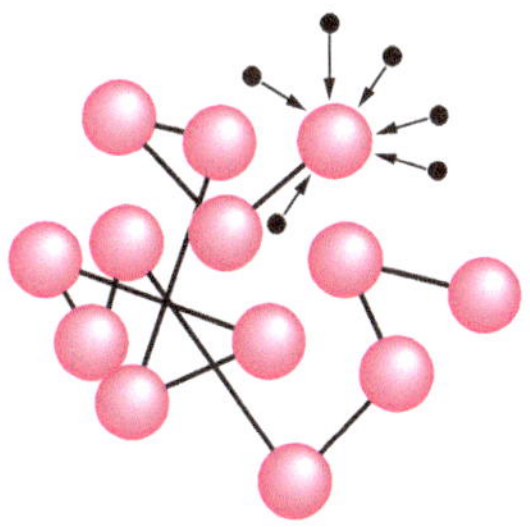 　　　　 粒子が大きい場合

図8.5 ブラウン運動

◆ コロイド粒子どうしがくっつくことも

ブラウン運動で粒子どうしが衝突したとき，粒子がくっつくことがある．これを**凝集**というが，凝集して粒子が大きくなると，重力により沈んでしまう．逆にいうと，粒子の凝集が起こらなければ粒子は小さいまま散らばった状態を維持できる．

分散コロイドに電解質を加えると，粒子が凝集することはよく知られている．水分子となじむことができない**疎水コロイド**の場合（第5章参照），少量の電解質を加えると電荷の中和が起こり，静電力が減少して凝集が起こる（図8.7a）．これを**凝析**という．表面に水分子が水和層として吸着している**親水コロイド**の場合は，多量の電解質を加えた場合のみ，水分子が電解質にとられて水の層が破壊され，粒子が凝集する（図8.7b）．これを**塩析**という．

⟵ LINK ⟶
吸着は第12章の12-5参照．

ワンポイント
黄河のコロイド
中国の黄河は，粘土のコロイド粒子が多量にあるので黄色く濁っているが，海に入ると電解質で粒子が凝集して，水が透明になる．

ちょいムズ　コロイド粒子間に働く力

コロイド粒子の凝集が起こるかどうかは，粒子どうしに働く力のバランスで決まる（図8.6）．

コロイド粒子は，分子間力によってお互いに引きつけられている（図8.6a）．また，帯電したコロイド粒子どうしには電気的な反発力が働く（静電反発力，図8.6b）．コロイド粒子が水となじみにくい性質（疎水性）をもつときには，分子間引力と静電反発力のどちらが勝っているかで粒子が凝集するかどうかが決まる．

一方，コロイド粒子が水となじみやすい性質（親水性）をもつときには，粒子の周りを水分子が取り囲んで水和するため，上記の力に加えて，水和層による反発力が働き，凝集しにくくなる（図8.6c）．

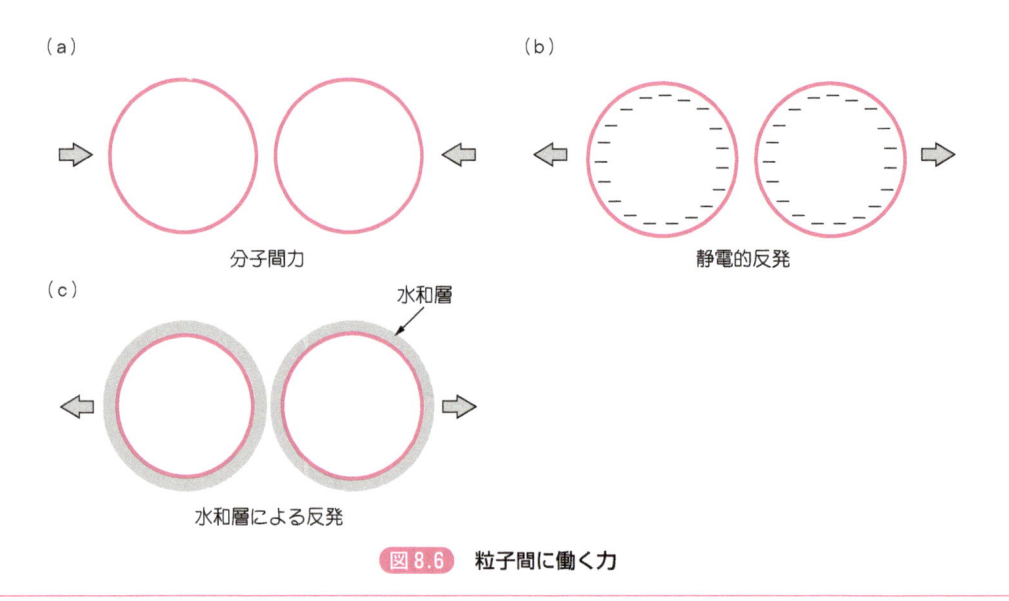

(a) 分子間力

(b) 静電的反発

(c) 水和層／水和層による反発

図8.6 粒子間に働く力

図8.7　(a) 凝析と (b) 塩析

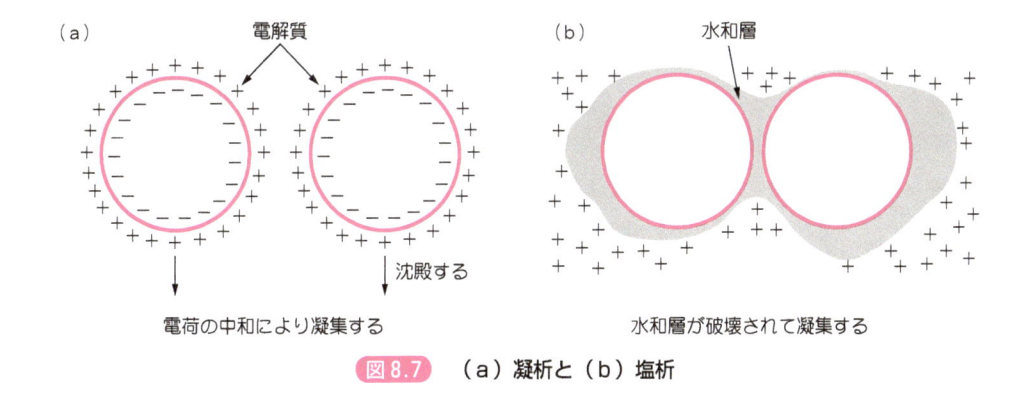

◆ 吸着層でコロイドを安定化

身の回りの製品にはコロイド状態になっているものが多くあるが，安定なコロイドを工業的に作り出すためにさまざまな工夫が行われている．たとえば，疎水コロイドに高分子物質や界面活性剤を加えると，粒子の周りにくっつき，**吸着層**が形成される．このため，粒子の凝集が妨げられ，コロイドは安定になる（図8.8）．これを保護作用と呼ぶ．

図8.8　吸着層によるコロイドの安定化

8-4　空の色はコロイドの贈りもの

「じゃあ，そろそろ帰ろうか．ねえ，ブラウン運動以外にコロイド粒子があるかどうかを見分ける方法はないの？」

「映画館なんかで，光の通った道筋が見えることがあるだろ？あれは空気中のほこりに光が当たって四方八方に反射するからなのさ．つまり，空気中にコロイド粒子の大きさのものがあることがわかるんだ．この現象をチンダル現象って呼んでいるね」

「コロイド粒子より大きなものや小さなものではチンダル現象は起こらないの？」

「大きいものは重力の影響が強くて散らばった状態を保てないよね．一方，分子やイオンのように小さいと光が通り抜けてしまう（散乱

しない) のでチンダル現象は見られないんだ」

「なるほどねえ. あ, 古紙回収のトラックよ. 定番の『夕焼け小焼けの赤とんぼの歌』ね」

「ウォーーーン (この歌を聴くと, なぜだかわからないが, 無性に吠えたくなるぜ. 不思議だ)」

「夕焼けもコロイド, というか光の散乱が関係する自然現象なのさ. 太陽の光は, 地球を囲む大気を通過するときに, ちりや水蒸気などのコロイド粒子に当たって散乱されるんだ」

「何だか難しいわね」

「散乱される光の強さは光の波長によって違うんだ. 波長の短い青い光のほうがコロイド粒子にぶつかりやすいので, 強く散乱される. 昼間はこれを見ているんだ. 一方, 早朝や夕方は, 散乱されないで残った波長の長い赤い光を見ているというわけさ」

「それが朝焼けや夕焼けなのね. コロイドは身の回りにあるだけじゃなく, 空からも私たちを見つめているのね」

◆ 光の道が輝いて見えるチンダル現象

コロイドに光を当てると, 粒子によって光が四方八方に反射される. これを**散乱**というが, この散乱のため, 光路が輝いて見える. この現象を**チンダル現象**と呼ぶ (図8.9). 粒子が大きいほど光がぶつかりやすいため, 強く散乱される. また, 波長が短い光ほど粒子にぶつかりやすいので, 強く散乱される.

チンダル現象を利用して, 液体の中に存在するものの大きさを知ることができる. チンダル現象は小さな分子やイオンの溶液では観察されないが, コロイド粒子が分散している溶液では観察されることを利用するのである. たとえば, 理科の実験で石けん水溶液を作るとき, 石けんが溶けているかどうか確認するのに, レーザーポインターを溶液に当てる. 石けんがちゃんと溶けていれば, 石けん分子はバラバラに分かれてイオンになっているので, チンダル現象は観察されない.

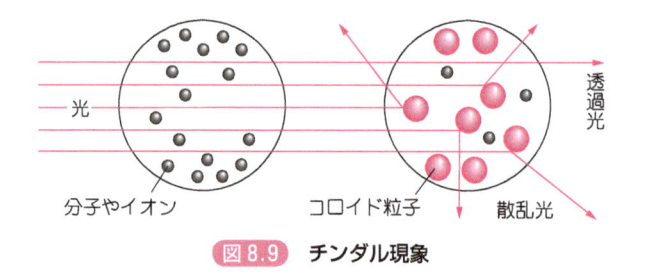

図8.9 チンダル現象

◆ 空の色もコロイド

太陽の光にはいろいろな波長の光が含まれている. この太陽の光が, 大気

中にあるちりや水蒸気にぶつかって散乱される．

　このとき，波長の短い青い光のほうが散乱されやすいので，昼間は散乱された青い光が地球に届いて空が青く見える．しかし，早朝や夕方は，光が斜め方向から大気中を突き抜けてくる．このように大気中を長い距離通過すると，波長の短い青い光はほとんど散乱しつくしてしまい，波長の長い赤い光だけが届くので赤く見える．これが朝焼けや夕焼けである（図8.10）．

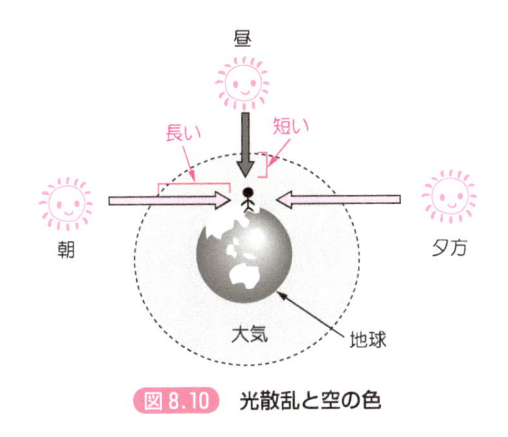

ワンポイント

波　長

　光は波としての性質をもち，波の1周期を波長という．人間の目に見える光を可視光といい，波長が約380〜780 nmの光のことをいう．波長の違いにより色が異なり，波長の長いほうから並べると，赤・橙・黄・緑・青・藍・紫（虹の七色）となる．

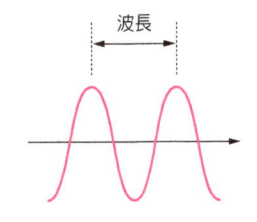

図8.10　光散乱と空の色

光の散乱を利用して粒子の帯電量を計る

　コロイド溶液に電圧をかけると，帯電したコロイド粒子が移動する電気泳動が観察される（電気泳動については8-1を参照）．これを利用して，粒子の帯電量を求めることができる．

　粒子の泳動速度は帯電によって生じた粒子表面の電位の大きさに比例するので，泳動速度を測定して粒子の電位を求めることができるのである．このとき，コロイド粒子は小さくて光学顕微鏡では直接見えないので，光を粒子に当てたときの散乱光を観察しながら速度を測定する．また最近では，光が運動している粒子に当たり散乱すると散乱光の振動数（波長の逆数）が粒子の速度に比例して変化するという現象（ドップラー効果という）を利用して，粒子の電位を求める方法もある．

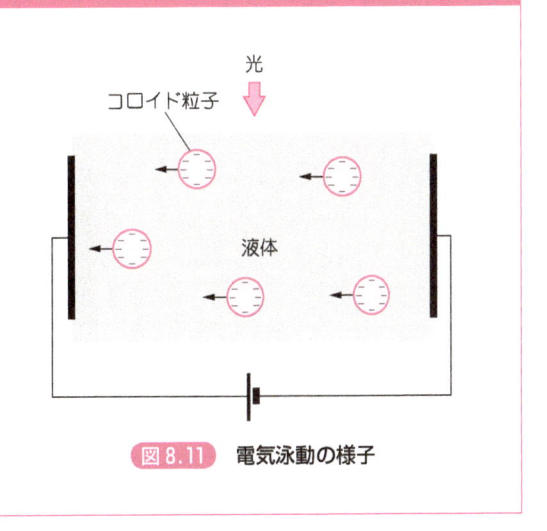

図8.11　電気泳動の様子

第9章 化学の力で命を守る
- 薬の化学

「人生50年」などといわれていたのは遠い昔の話で，今や日本人の平均寿命は男性79歳，女性86歳です（2007年現在）．そして，この長寿社会を実現するのに，薬の果たした役割はきわめて大きいものです．薬のない医療などありえないといってもよいでしょう．

しかし薬には，治療効果を発揮して病気を治す働き（主作用）に加え，副作用があります．病気の部分だけではなく正常な部分にも作用し，結果として好ましくない作用（副作用）を引き起こしてしまうのです．主作用と副作用は表裏一体で，薬は諸刃の剣としての性質をもっています．

また，複数の薬を飲んだ場合に重い副作用が出る場合があり，「薬の飲み合わせ」にも注意が必要です．食べものが薬の働きを変えることもあります．

しかし，副作用を恐れてばかりいて，せっかくの素晴らしい薬を使わないのは得策とはいえないでしょう．薬の本質を十分に理解し，薬と上手につき合っていくことが大切です．

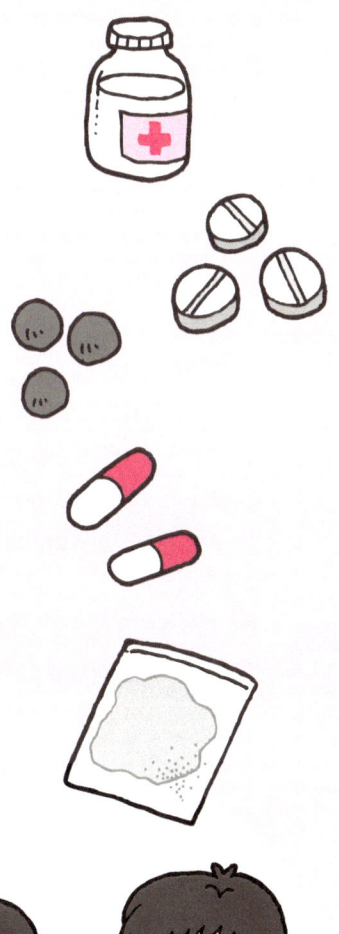

9-1 薬は化学で創られる

「何だか寒気がするよ．散歩にいって汗をかいてそのままにしていたからかな．おっと，38℃弱の熱があるよ．頭も痛い」

「あら，たいへん．今日は日曜日でお医者さんが休みだから，いつものアスピリンを飲んでおいたら？」

「そうしようか．アスピリンはアセチルサリチル酸っていう物質で，この薬には長い歴史があるんだよ．ギリシャ時代の昔から，ヤナギの木に熱や痛みを和らげる成分があることがわかっていたんだ」

「ギリシャにもヤナギがあるんやな(キ)」
急に関西弁

「……．えーっと，19世紀に入ってその正体となる成分がわかり，サリシンと名づけられた．そして，サリシンが分解してできたサリチル酸が抗炎・鎮痛剤として使われるようになったのさ」

「でもさっき父さん，サリチル酸じゃなくて，チルチルサリチル酸っていったわ」

「それじゃあ青い鳥だよ．アセチルサリチル酸ね．実は，サリチル酸には胃障害を引き起こすという副作用があったんだ．ドイツの化学者の工夫によって，その副作用が軽減されたのがアセチルサリチル酸（アスピリン）なのさ．このように人間がいろいろな薬を合成できるようになったのは，100年ほど前のことなんだよ」

「けっこう最近のことなのね．それまでは薬といえば，植物などの天然のものしかなかったってことね」

「今はいい薬がどんどん出てくるけど，どうやって創るの？」

「まず薬の『種』になる物質を天然物とか合成化合物の中から見つけるのさ．この薬の『種』は偶然見つかることもあるし，多くの物質から探し出すこともある」

「なるほどね．いいオトコだって，偶然見つかることも，探し出すことも，両方あるわね」
関係ないって？

◆ 薬の種となるリード化合物

薬を創るには，まず薬の「種」となる化合物を見つけなければならない．これを**リード化合物**といい，薬としての作用が明らかなことが条件である．さらに，構造を変えることで作用を向上させたり毒性を弱めたりすることが期待できる化合物である．

リード化合物を見つけるには，病気の細胞や組織に合成化合物や天然物質を手当たり次第に作用させ，効果がありそうな物質を選別する方法が一般的である．これを**ランダムスクリーニング**と呼ぶ．

最近，多数の化合物の薬理作用を自動的に評価する技術（**ハイスループットスクリーニング**）が開発された．人手ではせいぜい1日100個程度しかスクリーニングできなかったのが，ハイスループットスクリーニングのお陰で，1日に10万〜100万個もの化合物のスクリーニングが可能となった．

ワンポイント
ハイスループットスクリーニングシステム

化合物ライブラリーの化合物群から，有用な化合物を高速にピックアップする技術．コンピュータによる自動制御で，リード化合物になりうる有用な化合物を選別する．また，選別に必要な化合物の量が微量ですむようになったことも，この技術の有用性を大いに高めた．

多数の化合物を一気にスクリーニングできるようになると，今度は化合物をたくさん合成する必要がでてくる．そこで，試薬と反応の組合せを工夫し，ロボットを用いて多種多様な何万何千という化合物を自動合成する技術（**コンビナトリアル・ケミストリー**）が登場した．これらの技術のお陰で，スクリーニングが素速く大量にできるようになった．

スクリーニングで見つけられた物質を**ヒット化合物**といい，それがなぜ効くのかが詳しく分析される．そして，さらに効果や安全性が高くなるように手が加えられていき，最終的に真のリード化合物となる．

◆ より効果の高い，安全な薬へ

次に，リード化合物の構造を変えていくことで，より高い薬効と安全性をもつ物質にしていく．これを**構造最適化**と呼ぶ．その方法は，リード化合物の構造を少しずつ変えた化合物を多種類作り，その中から有益な化合物を選別するというものである．

ここでもコンビナトリアル・ケミストリーの手法が応用されているが，膨大な種類の化合物が作れるようになると，その中から有益な化合物を探すのに時間がかかるというジレンマが出てくる．そこで，病気のメカニズムを考慮し，より作用の強い薬にするためには化学構造をどう変えればいいのかをコンピュータを使って推測する方法がある．これを**ドラッグデザイン**という．偶然に頼るのではなく，ある程度，最終的な形をイメージしつつ，構造を変えていくということである．

このようにして作り出された薬の候補は，さらに培養細胞や動物を用いて有効性と安全性がテストされ，最終的にヒトで臨床試験（治験）が行われる．これらの各種試験で有効性，安全性，品質などが証明された後に，厚生労働省に申請を行い薬として承認されると，ようやく製造販売することができる．

以下，代表的な薬が生まれてきた具体例を見ていこう．

◆ 天然の化合物を元に薬を合成

アスピリンは，天然物を薬の「種」とし，長い年月をかけて工夫が重ねられ，その結果できた薬である．

古代ギリシャの医師ヒポクラテスは，熱や痛みを和らげるためにヤナギの樹皮を処方したといわれている．また，古代の中国では歯が痛いときにヤナギの小枝で歯の間をこすっていたと伝えられている．

1820年代にヤナギに含まれる有効成分の正体が解明され，**サリシン**と名づけられた．しかし，あまりにも苦く，薬として服用されることはほとんど

ワンポイント

治験

ヒトを対象にする薬物試験のことで，以下のプロセスで行われる．まず，健康な成人を対象に安全性を確認する．次に患者を対象に有効性を確認し，投与条件や用量を決定する．さらに，患者を対象に，対照薬と比較して優位な効果があるかどうかを判定する．

ワンポイント

薬ができるまで

リード化合物から最終的に薬が生まれる確率は13,000分の1ともいわれ，創薬プロセスには膨大な時間と費用がかかることがわかる．

9章 ◆ 化学の力で命を守る —薬の化学

Hippocrates
B.C.460〜377頃．まじないなどの原始的な治療から，科学的な治療へと医学を発展させたといわれる．医師の倫理を記した「ヒポクラテスの誓い」でも有名．

なかった．

そこで，サリシンに変わるものを求めた科学者たちは，サリシンが分解してできるサリチル酸が鎮痛作用などをもつことを発見した．しかし，サリチル酸も苦みが強く，また胃粘膜を刺激して胃障害を引き起こすという副作用があった．

1897年，ドイツの化学者ホフマンは，サリチル酸の強酸性が胃を痛める原因だと考え，ヒドロキシ基（−OH）をアセチル基（−COCH$_3$）に変えることによって酸性を弱めた．これが**アセチルサリチル酸**（アスピリン）である（図9.1）．

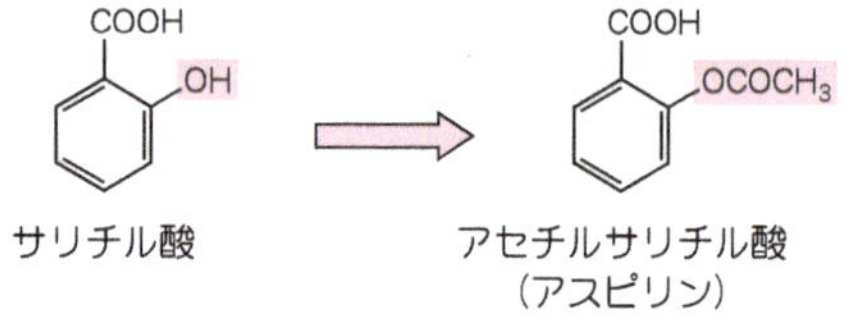

F. Hoffman
1868〜1946．ドイツの製薬会社であるバイエル社に所属し，アセチルサリチル酸を開発した．

図9.1 アスピリンの合成

◆ ランダムスクリーニングで薬を合成

狭心症や高血圧の薬である**ジルチアゼム**は，もともとは抗うつ薬を目指して合成された薬である．その薬が誕生した経緯を紹介しよう．

1960年代の中頃，**チアゼシム**という化合物が抗うつ作用をもつことが報告され，その一部を変化させた化合物が数多く合成された．しかし，どの化合物もチアゼシムに比べてとくに優れた抗うつ作用を示さなかったため，研究は打ち切られた．

その後，上記の合成化合物（チアゼシムの一部を変化させた数多くの化合物）のランダムスクリーニングを実施したところ，その中の一つであるジルチアゼムという物質に心臓の血管の強い拡張作用が認められ，狭心症治療薬として用いられるようになった（図9.2）．

このように，開発時の目的とは違ったかたちで利用されている薬も多い．

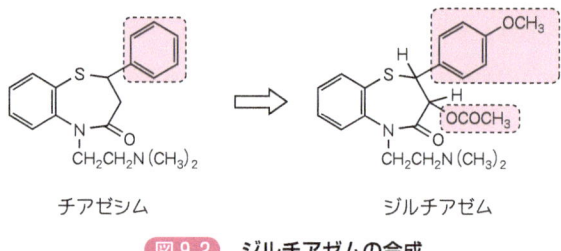

図9.2 ジルチアゼムの合成

◆ ドラッグデザインで狙って薬を合成

　ヒスタミンという化合物が体内に存在し，アレルギーや炎症の発生に関与している．そのヒスタミンの作用を抑える化合物として，**抗ヒスタミン剤**が1930年代に発見された．

　その後の研究で，ヒスタミンが作用する部位には，アレルギーや炎症にかかわる部位だけでなく，胃酸の分泌にかかわる部位もあることがわかった．そこで，胃酸の分泌にかかわる部位に，ヒスタミンよりもさらに強く作用する化合物を合成すれば，それが胃酸分泌を抑制する薬になると推測され，ヒスタミンに化学構造が似た化合物がたくさん合成された．その結果，**シメチジン**という物質に胃酸分泌抑制作用が認められ，抗潰瘍薬として発売された．この例は，ヒスタミンと胃酸分泌にかかわる部位との作用メカニズムを考慮して薬の化学構造を設計したという点で，初歩的なドラッグデザインといえる．

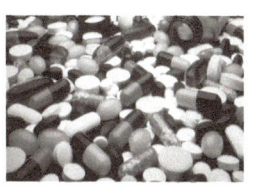

いろいろな薬が健康を支えている．

9-2　薬が熱を下げたりする仕組み

👧「薬を飲むと病気が治ったりするのはなぜなんだろう．薬の影響で体が変化して，病気を退治しちゃうのかな」

👨「いや，そうじゃないんだ．薬の体への作用は，低下している機能を回復させる（刺激作用）か，亢進しすぎた機能を正常に戻す（抑制作用）かのどちらかなんだ」

👧「そうだったのか．体が新しい機能を獲得するわけではないのね．ところで，さっき出てきたアスピリンが世界で一番売れている薬なの？」

👨「いや，違うんだ．一番売れているのは，血中のコレステロールを下げる，スタチン系と呼ばれる薬さ．世界的に生活習慣病が蔓延しているからね．そういえばまだ薬を飲んでなかったよ」

👧「父さん，アスピリンだけじゃなくて風邪薬も飲んだら？　薬箱に入ってたはずよ．あったあった．えーっと，成分は…アセトアミノフェノン，dl-塩酸メチルエフェドリン，無水カフェイン…，舌を噛みそうな名前のものがたくさん入ってるね」

👨「風邪の原因はウイルスだよね．ウイルスを殺す成分はどれなのかな」

👨「実は，そういう成分は入っていないのさ．風邪をひくと，喉や頭が痛くなって，咳とか鼻水が出て，熱が上がる．風邪薬にはこれらの『症状を抑えるため』のいろいろな薬が配合してあるんだ．だから，総合感冒薬っていうのさ」

👨「そういう意味だったのか．でも，原因を取り除くんじゃなくて，症状を抑えるだけだったなんて，ちょっと騙された気分だなあ」

👧「カニチャーハンを注文したら，カニじゃなくてカニカマが入ってたって感じかしら？」
カニカマにはカニは入ってないのよ．

👨「ちょっと違うような…」

ワンポイント
生体分子

生命活動にかかわっている分子レベルの物質のこと．タンパク質，核酸，リン脂質，糖類などがある．

ワンポイント
酵 素

分子量が1万から10万程度のタンパク質で，体の中の特定の化学反応を促進する作用（触媒作用）をもっている．生体内ではたえず化学反応が起こっており，それぞれの化学反応にはそれぞれ別の酵素が働いている．このことから，生体内には非常に多くの酵素が存在することがわかる．

◆ 薬分子と生体分子の相互作用

ヒトの体を作っている細胞の中にはさまざまな分子がある．タンパク質や核酸などの**生体分子**もその一つで，生命活動に重要な役割を担っている．また，これらは非常に複雑な形（立体構造）をしている．

生命活動には，生体分子がどのような立体構造をしているかが重要である．たとえば，機械を作るとき，それぞれの部品の立体構造がきちんと設計されていないと，適切に組み立てられないのと同じである．薬の作用も，この立体構造に大いにかかわりがある．

薬の作用には，細胞の機能を変化させる作用，細胞の増殖を抑える作用，酵素の働きを強めたり弱めたりさせる作用などがある．以下，具体例を通じて，それぞれを見ていこう．

◆ 自分を傷つけずに細菌を退治する仕組み

ヒトの体の細胞を傷つけずに，体内に入ってきた細菌だけを殺すにはどうすればよいだろうか．それには，ヒトにはなくて細菌にはあるものを標的にすればよい．たとえば，ヒトの細胞には細胞壁はないが，細菌は細胞壁をもつ．よって，細胞壁の形成を邪魔したり，細胞壁を壊したりする薬は効果的だろうと考えられる．

サルファ系抗菌剤を例に説明しよう．サルファ系抗菌剤は体内でスルファミンという物質に変化する．このスルファミンは細菌が生きていくのに必要な葉酸の原料に形が似ているので，葉酸を作る酵素が間違ってスルファミンを取り込んでしまう．その結果，細菌は葉酸が作れなくなり，死んでしまう（図9.4）．

ちょいムズ　薬と受容体

薬の分子は，生体分子と相互作用することによって効力を発揮する．このとき，ある薬が相互作用できる生体分子は決まっている．

この関係は鍵と鍵穴の関係にたとえられ，鍵である薬の分子は，目的とする生体分子の鍵穴にぴったり合わないと鍵を開けることはできない（作用できない）というわけである（図9.3）．9-1で述べた薬を創るプロセスは，標的とする生体分子に強く相互作用するように，薬の候補となる分子の形状や性質を変えていく作業であるということもできる．

図9.3 薬の分子と生体分子の相互作用

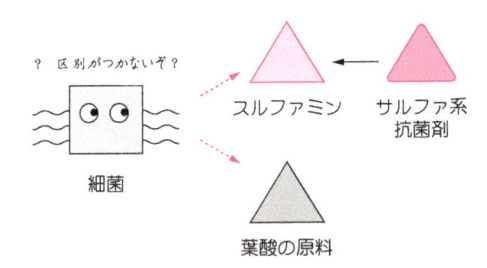

図9.4 サルファ系抗菌剤が作用する仕組み

◆ コレステロール値を下げる高脂血症治療薬

高脂血症というのは，血液中の脂質（コレステロールや中性脂肪）が多過ぎる病気である．この状態を放置すると，血管の内側に脂質がどんどんたまって動脈硬化になり，心筋梗塞や脳梗塞の原因となる．

コレステロールは血中でタンパク質と結合し，小さな粒子のかたちで存在している．そのうち，比重の低いもの（LDL）が血管壁に潜り込んで「こぶ」状のものを形成する．血管壁が狭くなって血流を悪くするので**悪玉コレステロール**と呼ばれている．

一方，比重の高いもの（HDL）は血管壁に付着している余分なコレステロールを回収するので**善玉コレステロール**と呼ばれている．また，血中に中性脂肪が増えるとLDLが増えてHDLが減るので，動脈硬化の危険性が増す．

スタチン系の薬は，肝臓でのコレステロールの合成を抑制し，血液から肝臓へのコレステロールの取り込みを促進することで，血液中のコレステロールの濃度を下げる．スタチン系の薬であるファイザー社のアトルバスタチンカルシウム水和物（商品名：リピトール）は，世界の薬の売上ナンバーワンの座を長年キープしている（2008年現在）．

◆ 総合感冒薬は対症療法薬

風邪はわれわれがよくかかる病気で，咳，鼻水，発熱などさまざまな症状を伴う．ほとんどの場合，原因はウイルスであるが，直接ウイルスに作用する薬は少ないので，症状を抑える薬が主流である（対症療法）．すなわち風邪薬は，風邪そのものを治癒するのではなく，風邪による症状を抑えるためのものである．

風邪薬には，抗ヒスタミン薬，非ステロイド系抗炎症剤，消炎酵素薬，抗菌剤，気管支拡張剤などが配合されている（図9.5）．抗ヒスタミン薬は，アレルギーや炎症を引き起こすヒスタミンの作用を抑える．非ステロイド系抗炎症剤は，気管支収縮，発熱，痛み，炎症を引き起こすプロスタグランジ

ワンポイント
その他の抗菌剤

バクテリアの細胞壁は網目構造を作り，細胞の中のものを外に漏らさないようにしている．ペニシリン系やセフェム系抗菌剤は，細胞壁を作る酵素に結合し，この酵素の働きを妨害する．結果として細胞壁がすき間だらけになり，細胞内の浸透圧が高いので，細胞質がこのすき間から外に押し出され，バクテリアの細胞は破壊される．

ワンポイント
売れ筋の薬

薬を売上の高い順にあげるとコレステロール低下薬，降圧薬，抗潰瘍薬，抗うつ薬，統合失調症薬，糖尿病薬，抗生物質，抗喘息・アレルギー薬，てんかん薬の順になる．

〈成分・分量〉3カプセル中

成分	含有量	働き
塩酸プソイドエフェドリン	105mg	鼻粘膜の血管を収縮させて, 充血やはれをおさえ, 鼻づまりを改善する
d-クロルフェニラミンマレイン酸塩	4.5mg	アレルギー症状（鼻水, 鼻づまり, くしゃみ, なみだ目）をおさえる
ベラドンナ総アルカロイド	0.4mg	分泌抑制作用により鼻水やなみだ目をおさえる
無水カフェイン	120mg	鼻炎に伴う頭重をやわらげる
サイシン乾燥エキス（原生薬として）	30mg (300mg)	アレルギー症状をおさえる生薬
添加物：バレイショデンプン, 乳糖水和物, セルロース, ステアリン酸Mg, ゼラチン, 青色1号, ラウリル硫酸Na		

図9.5 一般的な風邪薬の成分

ンの産生を抑える．

◆ 強い感染力をもつインフルエンザウイルス

インフルエンザはインフルエンザウイルスによって引き起こされる病気であり，古くから特別な風邪として怖れられてきた．また2009年9月現在，メキシコで発生した新型インフルエンザが日本でも広まり，日常生活にもさまざまな影響が出ている．インフルエンザウイルスは非常に強い感染力をもつが，その感染経路を説明しよう．

インフルエンザは咳やくしゃみによりウイルスが空気中に飛散することによって感染する（飛沫感染）．ウイルスの表面には無数の突起物があり，それを使って細胞の中に侵入する．細胞内で増殖したウイルスは突起物中の酵素の働きで細胞外に放出され，全身にばらまかれる．

この酵素の働きを抑え，インフルエンザウイルスの細胞からの放出を防ぐ薬が開発された．それが数少ない抗インフルエンザウイルス薬の一つ，オセルタミビル（商品名：タミフル）である．

ちょいムズ　薬の飲み合わせによる副作用

血液凝固抑制剤ワルファリンは，アスピリンなどの消炎鎮痛剤と同時に服用すると血中濃度が上がり，出血しやすくなる．

ぜんそくの薬であるテルフェナジンと抗生物質のエリスロマイシンとを併用すると，テルフェナジンの代謝分解がエリスロマイシンにより抑制されて血中濃度が大きく上昇し，心臓における重い副作用が起こる．

免疫抑制剤のシクロポリンと結核治療薬のリファンピシンとを併用すると，シクロポリンの代謝分解がリファンピシンによって促進されて血中濃度が減少し，拒絶反応が抑制できなくなる．薬剤師や医師の指示に従い，こういった副作用が起こらないようにしたい．

9-3　薬はリスク

👧「薬は『クスリでもあり毒でもある』っていわれるわね．薬の分子は病気に関係ない分子にも作用するから，よくないことも起こるっていうことよね」

👨「いわゆる副作用だね．薬の作用のうち，治療の目的に沿ったものを主作用と呼び，ないほうが望ましい作用は副作用と呼ばれている．たとえば，さっき話したアスピリンには，胃障害や腎障害といった副作用がある」

👧「身近な薬にも副作用はあるのね」

👨「でも，有名なバイアグラやリアップは，もともと血管拡張剤として開発されたけれど，副作用が性機能改善や育毛に利用されているんだよ．副作用が役に立つこともあるのさ」

👧「湯豆腐に醤油と間違えてソースをかけたら，意外においしかったってところかしら」

👨「ま，まあ，そうかな（なんか違うような…）．そういえば，おばあちゃんが『私は糖尿病の薬を飲んでいるから，アスピリンを飲んではいけない』っていってたなあ」

👨「アスピリンは血糖値を下げるので，糖尿病薬とあわせて服用すると作用が出すぎて低血糖になるらしい．医師や薬剤師の指示を守らずに勝手にいろいろな薬を飲むと，強い副作用が出ることがあるってことだな」

👧「二人の名歌手がデュエットしても，うまくいくとは限らないもんね」

👨「薬の飲み合わせによる副作用で被害が出た例もあるけど，そのような事故が頻繁には起こらないのも，医療技術や薬剤の処方の進歩のお陰なんだよ」

👧「お医者さんや薬剤師さんたちのお陰で，適切な薬を飲むことができているのね」

◆ 薬の副作用に気をつけよう

　薬は生体分子と相互作用する．また，その薬が相互作用できる生体分子は体のいろいろな臓器や組織に存在する．すなわち，薬は全身にある正常な分子にも作用してしまうということである．このような，薬がもつ治療目的以外の作用を**副作用**といい，薬には必ず副作用があるといっても過言ではない．

　ステロイドという薬の名前を聞いたことがあるだろう．この薬は，抗炎作用，抗アレルギー作用，免疫抑制作用などをもち，多くの病気の治療に使われている有用な薬である．

　しかし，ステロイドは全身性の副作用をもつことが知られている．脂溶性なので細胞膜を通過して細胞内に入り，多くの代謝系や体内成分に影響を与えるためである．たとえば，体脂肪の分布が変化したり，背中や肩が盛り上がったり，顔が丸くなったりする．さらに，タンパク質を分解して糖を作り血糖値を上昇させる，筋肉が萎縮する，骨がもろくなって骨粗鬆症になる，血中にナトリウムを貯蔵するため体液量が増加して浮腫（むくみ）や高

> **ワンポイント**
> **おもな副作用**
> ショック症状，皮膚症状，肝障害，腎障害，血液障害，発熱，精神症状などがある．処方時に既往症，肝臓や腎臓の機能低下，併用薬などを十分チェックすること，副作用をできるだけ早く発見すること，処方の中止や適切な薬の処方を行うことが大切である．

血圧が生じる，などの症状も出る．

また，使い方にも注意が必要で，炎症反応を抑制して症状を緩和しても炎症の原因が蓄積されている場合には，**リバウンド**といって炎症を悪化させてしまうこともある．

ステロイドのような副作用の強い薬は，概してよく効く切れ味のよい薬である．副作用の危険性を極度に恐れるより，適正な使用により薬を活かすことが重要である．

◆ 薬の飲み合わせにも注意

ほとんどの薬は消化管から吸収され，血液に入っていく．そのため，2種類以上の薬を同時に服用すると，**薬どうしが相互作用**して，危険な副作用を起こすことがある．

たとえば，抗菌剤である**クラビット**という薬を制酸剤と一緒に服用すると，この二つがくっついてしまい，それぞれの薬の血液中の濃度が大きく低下する．そのため，薬がほとんど効かなくなってしまう．

患者も医師や薬剤師に，適正かつ確実に，自分の飲んでいる薬などを伝えることが重要である．患者の協力なくしては，危険な薬の飲み合わせをさらに減らすことは難しい．

◆ 薬と食べものとの相互作用

一般的には，食事をすると，カプセル・錠剤の溶解や小腸への移行が遅くなって薬の吸収が遅れる．一方，それとは別に，薬と食品の相互作用もある．

食品の中には薬の作用を弱めるものや強めるものがある．たとえば，ハーブの一種である**セイヨウオトギソウ**は，多くの薬の代謝分解や排泄を促進し，薬の作用を弱めることが知られている．

また，血液凝固抑制剤**ワルファリン**は血液凝固に必要なビタミンKの生成を抑えることによって作用するので，**納豆**のようなビタミンKを作り出す食品と食べ合わせると効果が減少する．

グレープフルーツに含まれる**ナリンジン**という物質は，高血圧治療薬フェロジピン，抗ヒスタミン剤テルフェナジン，免疫抑制剤シクロスポリン，睡眠薬トリアゾラムなど，いくつかの薬の代謝分解や排泄を抑制し，薬の血中濃度を上げ，作用を増強する．

薬を飲むときには，こういった相互作用が生じないように，食品と薬の飲み合わせに注意したい．薬剤師や医師の指示をよく聞こう．

☞ **ワンポイント**
ステロイド薬
副腎皮質から分泌されるホルモンのコルチゾールに似た化合物で，その作用がより強力になるように工夫されたものである．ステロイド薬は1948年に初めて，アメリカで関節リウマチの患者に使われ，劇的な効果を収めた．これを契機に多くの疾患に用いられ，その有用性が認められている．

☞ **ワンポイント**
制酸薬
胃潰瘍・十二指腸潰瘍の治療に用いられる薬．過剰に分泌されている胃酸を中和させるアルカリ剤である．胃潰瘍の原因となっている胃酸の酸性度を弱めて，胃腸に与えるダメージを減少させる．

☞ **ワンポイント**
食事と薬
食事により消化管の血流量が増大して薬の吸収が増すこともある．また，脂肪の多い食物は胆汁の分泌を促進して脂溶性の薬の吸収をよくする．

☞ **ワンポイント**
お酒と薬
アルコールは肝臓での薬の代謝分解に影響する．たとえば，睡眠薬，精神安定剤，抗うつ薬などの作用を強める．また，風邪薬と併用すると，肝障害が起こることもある．

9-4 症状に合わせて選ぶ薬

「最近，体が重くて少し頭痛がするのよね．病院で検査しても，異常はないっていわれたんだけど」

「悪いところがわからないと治療はできないわよ．たんに，もう年ってことなんじゃないの？ フフフ」

「まあ失礼な．こう見えても肌年齢は20代なのよ」

「…」ホンマかいな…

「西洋医学では病気そのものを診てその部分を治すからね．でも，漢方は体全体を診て症状を治すそうだ．漢方は中国古来の医学理論を基本にして日本で練り上げられた，生薬や鍼灸を使う医学のことで，中国では中医学と呼ばれている．中医学は五千年の経験の集大成だ」

「生薬っていうのは，自然の植物や動物を干したり煮たりして作った薬のことだよね」

「そうだよ．長い歴史の中で試され，効果が証明されてきた薬だね．今では多くの生薬に含まれる有効成分について，化学構造や作用メカニズムがわかっている．錠剤やカプセルにして新しく開発された中成薬という薬もあるんだ」

「長い歴史があるのねえ．漢方薬には副作用はないんだよね？」

「一般的にそういうイメージがもたれてるけど，決してそんなことはないんだよ．漢方薬だってれっきとした薬なんだから，当然，副作用はある．小柴胡湯とインターフェロンの併用による肺炎は大きなニュースになった」

「生かすも殺すも薬次第．どんな薬を飲んでるか，ちゃんと伝えないとダメってことね」

◆ 五千年の歴史をもつ中医学

中国の医学（**中医学**）には五千年の歴史がある．中医学では一部分である病気だけを治すのではなく，病気をもつ体全体を治そうとする．もっとも重要視されるのは体質であり，体質の偏りを治すと病気も治ると考える．

それに対し西洋医学では，部分部分に対応して病気そのものを診る．たとえば，目が悪ければ目の薬，肝臓が悪ければ肝臓の薬を出す．しかし，中医学では目が悪ければ肝臓が衰えている，などと考える．ちょっとした不快感など小さな症状で原因がわからない場合，西洋医学では病気と認定されないことが多い．中医学では，このような病気未満の症状でも体の偏りと診断され，薬が処方されることがある．

◆ 漢方薬にも種類がある

中医学の長い歴史の中で，多くの**漢方薬**（中薬）が創られてきた．中医学では生薬を煎じて飲む（煎じ薬）のが主流だったが，最近では，煎じ薬を独自の手法で乾燥させて飲みやすいかたちにした漢方エキス製剤（顆粒剤や錠

剤)が普及している．

生薬には温める作用，冷やす作用，排泄を促す作用，循環をよくする作用などがある．症状と適用される漢方薬の例を表9.1に示す．

> **ワンポイント**
> **生 薬**
> 自然界の植物，動物，鉱物を干したり煮たりして作る薬のこと．雑多な成分が複合的に病気に効いており，多種成分の複合効果というよい点があるが，即効性や病状への切れ味という点では劣っている場合がある．漢方薬は，複数の生薬を調合したものである．

表9.1 漢方薬の例

症 状	用いる漢方薬の例
風 邪	葛根湯，小青龍湯，桂枝湯
高血圧	大柴胡湯，防風通聖散，釣藤散，牛黄降圧丸
肝臓病	小柴胡湯，大柴胡湯，柴胡桂枝湯
腎臓病	六味地黄丸，八味地黄丸
胃 炎	安中散，香砂六君子湯
貧 血	十全大補湯，加味帰脾湯，小建中湯
更年期障害	女神散，黄連解毒湯

◆ 漢方薬にも副作用あり

「漢方薬は副作用がない」と信じている人がいるが，副作用のない薬は存在しない．漢方薬にも発疹，頭痛，ほてり，食欲不振，胃もたれ，下痢などの消化器症状，動悸などの神経症状，その他の副作用が報告されている．西洋医学の薬と同じように，副作用に対する注意を払う必要がある．

漢方薬に特有の原因としては，症状ではなく病名によって漢方薬を選択したために体質に合わない場合があること，漢方薬の需要が急増して成分バランスのよい薬草が入手しにくくなったこと，顆粒状の漢方薬を服用するときに十分な水を飲まずに胃の中で高濃度になってしまうこと，などがあげられる．

また，中医学が西洋医学と併用されることも多いので，飲み合わせの問題も起こる．たとえば，小柴胡湯（表9.1参照）とインターフェロン製剤との併用で，肺炎による死亡例が多数報告されている．この二つの薬はいずれも肺に障害を起こす副作用があり，これらが重なって肺炎を引き起こすためではないかと考えられている．

第10章 身の回りには石油製品がいっぱい！
– 化石資源の化学

　私たちの生活は，石油を原料とした製品であふれています．

　石油は，石炭や天然ガスと同じエネルギー資源としての役割が強調されることが多いですが，ものを作るための原料としても，私たちの生活に大きくかかわっています．私たちは知らず知らずのうちに，石油を原料とする製品をたくさん使っています．また，石油を原料としない製品でも，それらを作る過程で石油を使っている場合もあります．

　このように，石油は多くの産業にかかわっているため，原油の値段が高騰したり急落したりすると，多くの商品の価格に影響が出ることはよく知られています．一方で，石油の燃焼による大気汚染は，地球環境を考えるうえで無視できない問題になっています．

　ここでは，まず石油の起源について学び，さらに，石油を使い続けることが環境に与える影響などについても考えてみましょう．

10-1　石油って結局，どういう物質なの？

「『亀の甲モール』がオープンしたらしいよ．新しい車でいってみようか．そういえば，新車にしてから，燃費がずいぶんよくなったよ．同じガソリンなのに，ぜんぜん違うもんだなあ」

「そもそも，ガソリンってどういうものなの？」

「ガソリンは石油を精製して作るのさ．簡単にいうと，いろんな物質の混合物である石油を，分留という操作によって，似たような性質をもつグループに分けるってことだ．で，そのグループの一つがガソリンなのさ」

「なるほど．じゃあ，ガソリンの元となる石油はどうやってできるの？」

「今から1億年以上前に，プランクトンや植物などの有機物が海や湖の底に埋没したものが，石油などの化石資源の元になっているといわれるよ」

「1億年！　石油ができるには，気の遠くなるような年月が必要なのね．だから，『化石燃料』っていうのね」

「そういうこと．長い年月をかけてできた石油を，現代の人類がどんどん使っているということだ．将来の人のためにも，大事に使わないといけないね」

「郊外のモールに車でいったり，ものをどんどん消費したりっていう生活スタイルも，改めて見直す必要があるのかもしれないね」

ワンポイント
すべての元は太陽
植物は，太陽からエネルギーをもらって光合成を行うので，太古の生物の遺骸を起源とする化石燃料も，そのおおもとは太陽のエネルギーといえる．

◆ 石油の元は生き物

　石油，石炭，天然ガスは**化石資源**といわれるが，それはなぜなのだろうか．今から1億年以上前に海や湖の底に埋没したプランクトンや植物などの有機物が，これらの資源の元になっているためである．これらの堆積物が地熱やバクテリアにより化学変化を受けて分解した結果，地層中で石炭や石油あるいは天然ガスになるといわれている．とくに，熱分解を受けて残った油脂成分が石油となる．

　石油は液体で天然ガスは気体である．よって，石油や天然ガスを含む地層は，液体や気体を閉じ込める緻密な岩石で覆われている必要がある（そうでないと，漏れてしまう）．このように，地下の構造や温度・圧力に一定の条件が必要なため，化石資源が産出される地域は限られる．

　石油は液体で，気体に比べて輸送や貯蔵が簡単なため，多くの用途に利用されている．現在，石油は自動車，発電，暖房の燃料に消費されているほか，プラスチック製品，合成繊維などさまざまな化学製品の原料として，大量に消費されている．石油を原料とする産業（**石油化学工業**という）は，あらゆる分野にわたっており，その裾野は広い．

　非常に長い時間をかけて作られた化石資源を，現代社会は急速に大量に消費しているというわけだ．

ワンポイント
石油の出る場所
近年，世界各地で海底油田をはじめとした，新しい油田の開発が進んでいる．従来の中東地域だけでなく，ロシア，アメリカ，東南アジアでも開発が進んでいる．

◆ 原油を精製すると

次に石油に含まれる成分について見てみよう．

油田から取り出したばかりの原油の主成分はおもに**炭化水素**であるが，炭素と水素以外に，酸素，窒素，硫黄も少量含んでいる．原油には，さまざまな種類の炭化水素が含まれるが，炭素と水素の量や，結合の仕方で分類できる．代表的には，炭素が一直線につながった鎖状炭化水素，リング状の結合を含む環式炭化水素，ベンゼンに代表される芳香族炭化水素に分けられる（表10.1）．

ワンポイント
炭 化 水 素

炭素と水素だけでできている化合物を炭化水素という．ベンゼンは代表的な炭化水素の一つで，C_6H_6 の分子式をもっており，下左図のような構造をしている．これを略記して，下右図のように書くことが多い．

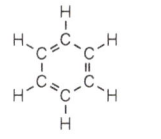

← LINK →
炭化水素については第3章も参照．

表10.1 原油に含まれる炭化水素化合物

鎖状炭化水素	環式炭化水素	芳香族炭化水素
メタン，エタン プロパン	シクロプロパン シクロヘキサン シクロペンタン	ベンゼン，トルエン キシレン

原油を利用するには，これらが混ざったものから，似たような性質をもつ化合物のグループに分ける必要がある．これを**精製**という．原油の精製は，沸点の違いを利用した**分留**という操作を用いて行う．

原油を精製して，ガソリン，軽油，重油，灯油，潤滑剤などに分ける．灯油は，家庭の石油ストーブだけでなく，ボイラー，発動機，ジェット機の燃料にも使われている．軽油は，ディーゼル燃料としておもにトラックやバスに使われている．重油は，もっとも沸点が高く，分留で最後に得られる「残留物」で，ビルの暖房やごみ焼却場の燃料に使われている．潤滑剤は，機械などの摩耗を防ぐのに使われる．

ちょいムズ　蒸留と分留の違い

少量の色素で色をつけたエタノールの溶液を試験管に入れる．試験管の口にはゴム管のついた栓をつけ，もう1本の試験管の口までつなげておく．エタノール溶液の入った試験管の底を加熱すると，やがて沸騰が始まり，その蒸気はゴム管を通って冷却されながら別の試験管の中で凝縮する．そのとき，純粋な無色透明のエタノールだけが得られる．

このように，液体の混合物を加熱して，その蒸気を冷却し，目的の液体だけを得る操作が「蒸留」である．沸点の近い液体の混合物を蒸留の原理を使って分離することを，分別蒸留すなわち「分留」という．すなわち，分留は蒸留の一種ということができる．

10-2　身の回りには石油製品があふれている！

- 「さあ，亀の甲モールについたぞ．お，家電量販店に，石油ファンヒーターがたくさん並んでる．父さんが子どもの頃は，石油ストーブが主流だったけどなあ」
- 「昔はストーブでお餅を焼いたりしたわねえ．母さんの家はガスストーブだったわ」
- 「うちにもガスは来てるけど，ガスってどうやって作るんだろう？」
- 「ガス管を通じて家庭に供給されるガス（都市ガス）には，石油を原料とするものと，しないものがあるんだ．そのうち，石油を原料としないものの代表が天然ガスなんだよ．今，都市ガスの主流は天然ガスで，わが家に来てるガスも天然ガスだよ」
- 「都市ガスには2種類あったのね．知らなかったなあ」
- 「父さんのお尻から出るガスも，一種の天然ガスといってもいいかもしれないな」
- 「あれは，ほとんど毒ガスだけどね…．さあ，食料品を買いにいきましょう．今日はエコバッグをもってきたから，レジ袋はいらないわ．レジ袋も石油から作られるわけだから，無駄遣いはやめないとね」
- 「あっ，このモールには，私の好きな洋服のブランドのお店も入ってるわ．後で見にいってもいい？」
- 「別にいいけど，洋服の繊維も，今やその多くが石油由来の合成繊維だし，服の買いすぎはダメだよ」
- 「そうなんだけど，『この服は君に似合うと思うんだ．買ってあげようか？』なんていわれると，ついついね…」 自分で買うんじゃないのよ
- 「レジ袋や服をはじめ，さまざまな製品の材料として石油は使われてるのね．石油はエネルギー源としてだけではなく，材料としても重要ってことね」

ワンポイント
冷たくなるボンベ

使っている途中で燃料ボンベの側面に手で触れると，冷たくなっていることがわかる．これは，液化された燃料のブタンが，噴霧の際，急激に減圧を受けながら液体から気体に状態変化するときに，周囲から熱を奪うためである．状態変化については第14章参照．

◆ 石油から作るLPガス

石油の成分から取り出した燃料ガスにはいくつかの種類があるが，ここでは**LPガス**を説明しよう．

LPガスとは，ブタンやプロパンをおもに含む気体を加圧，冷却により液化してボンベなどに詰めたものであり，ガス管の行き届かない地域の家庭などで使われている．都市ガスに比べて，5〜6倍の発熱量をもっている．ちなみにLPガスのLPは「Liquefied（液化した）Petroleum（石油の）」の頭文字である．

LPガスは原油を精製するときの副産物として得られ，沸点は30℃以下だが，高い圧力をかけると気体から液体になる．ボンベに詰めて簡単に運搬できるので普及が進んだ．

LPガスを燃料とする自動車もあるし，よく用いられる携帯用ガスコンロやライターの燃料もLPガスである．ボンベから噴出したブタンなどのガスが，周囲から熱を奪いながら気体に変わり，その気体が燃焼する仕組みになっている．

◆ 都市ガスの主流は天然ガス

ガス管を通じて家庭に供給されるガスを**都市ガス**という．多くの家庭では燃料ガスとして都市ガスを用いている．ほとんど無臭であるが，ガス漏れを検知しやすくするため，においをつけている．人工の都市ガスはおもにプロパンやナフサ（原油を分解しただけの粗ガソリン）から作られ，発熱量の大きい炭化水素類を含むのが特徴である．

これに代わって最近，都市ガスの主流となっているのが**天然ガス**である．天然ガスは石油と同じ起源をもち，貯留岩といわれる硬い層のすき間に存在する（図10.1）．主成分はメタンで，液化した状態を液化天然ガス（LNG）と呼ぶ．家庭での燃料の他に工業用にも広く使われている．

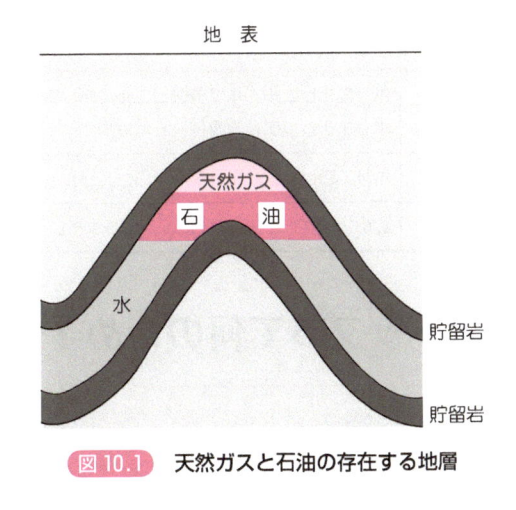

図10.1 天然ガスと石油の存在する地層

◆ 再び注目される石炭

化石燃料の一つである**石炭**も，石油と同じ起源をもつ．古生代の石炭紀（約6億年前）から新生代の第三紀（約6千万～2百万年前）までの間に堆積・埋没した植物が，長い歳月を経て化学変化を起こしたものである．

石炭は，含まれる炭素の成分の少ない順に，泥炭，亜炭，褐炭，亜瀝青炭，瀝青炭，半無煙炭，無煙炭に分類されている．炭素の多い無煙炭は，発熱量も多く，燃料にもっとも適している．

産業革命以降，石炭は重要なエネルギー源となり大量に採掘された．良質の無煙炭を産する炭坑を巡る領土の奪い合いもあった．しかしその後は，採掘費用の問題や，運搬が便利な石油の普及により利用が少なくなった．また排出ガスの地球環境に及ぼす影響も懸念されている．

最近は，石炭液化などの技術も開発され，また埋蔵量も石油に比べ圧倒的に多いため，再び注目を浴びている．

> **ワンポイント**
> **石炭になる植物**
> 石炭の起源となる植物は，おもにシダ類，トクサ類，針葉樹，広葉樹などである．

◆ 材料としての石油

石油はエネルギー源として使われているだけではない．石油を原料とする材料であるプラスチックも身の回りにあふれている．原油を分留により成分に分けてから利用することはすでに述べたが，おもに表10.2のような化合物がプラスチックの原料として利用されている．

エネルギー源としての石油は，太陽光発電をはじめいろいろな代替技術の開発が進んでいるが，原材料としての石油に代わるものはなかなか見つからない．将来，石油が枯渇したときには，エネルギー問題よりも，材料の不足で困ることになるのかもしれない．

⟵ LINK ⟶
プラスチックについては第6章参照．

表10.2　プラスチックの原料となる化合物

原料となる化合物	その化合物から作られるプラスチック
エチレン	ポリ塩化ビニル，ポリ酢酸ビニル，ポリエチレン，ポリエチレンテレフタレート（PET）
プロピレン	ポリプロピレン，ポリアクリロニトリル
ベンゼン	6,6-ナイロン，6-ナイロン，ポリスチレン

10-3　アイドリングストップって何のため？

「さあ，そろそろ帰ろうか．家に向かって出発ね．あ，あの看板は何？『私　飲むの　やめる』って意味？？」I drink stop?

「違う違う．『アイドリングストップ』だろう？　信号待ちなどで止まっている間，車のエンジンをできるだけ止めなさいってことだ．アイドリングは，すぐに動作を行えるような準備状態を維持するっていう意味で，車のエンジン以外にも使う言葉だよ」

「"idling"だったのか．"I drink"じゃなかったのね」

「車のアイドリングストップは，たんにガソリンの消費を抑えるだけじゃなく，大気汚染とも深い関係があるんだよ．ガソリンが燃焼すると，ソックス（SO_x）やノックス（NO_x）という物質が出てしまうんだ」

「名前はかわいらしいね」

「このSO_xやNO_xが大気中に放出されると，今度はそれが酸性雨の原因になってしまうんだ．つまり，酸性雨にも，化石燃料が関係してるってことだね」

「そうだったのか．じゃあ，ソックンやノックンを出さないようにできないの？」

「何だかアイドルグループみたいだな…．ソックスとノックスね．それらを出さない技術もいろいろと開発されてきてるよ．車のエンジンに取り付ける白金触媒や火力発電所の排煙脱硫装置など，化学の力でSO_xやNO_xをかなり抑えられるようになってきたのさ」

「父さんのお尻にも，そういうの付けたらどう？」

◆ 自動車の燃料にもいろいろある

自動車のエンジンに使われる燃料には，10-1 で述べたように，ガソリンと軽油（ディーゼル）がある．エンジンの構造により用いる燃料が違う．比較的，小型の車にはガソリンが使われる．一方，軽油を燃料とするディーゼルエンジンは，トラックやバスなど大型の乗り物に搭載されている．軽油は，ガソリンより沸点は高いが発火点は低いのでディーゼルエンジンの燃料に向いている．

◆ 不完全燃焼で有毒ガスが

ガソリンのエンジンもディーゼルエンジンも，石油から作られた燃料を燃焼させるときのエネルギーで動いている．石油は，すでに述べたように，炭素と水素を主成分としている．

ガソリンや軽油を燃焼させるということは，有機化合物を燃焼させるということである．有機化合物が燃焼すると，おもに二酸化炭素と水が生じる．たとえば，燃料ガスとして多く用いられるメタン（CH_4）が燃焼すると，次の反応が起こる．

$$CH_4 + 2O_2 \longrightarrow CO_2 + 2H_2O$$
メタン　酸素　　　　二酸化炭素　水

石油ストーブやガスストーブで暖房すると窓ガラスに多くの水滴が付くのは，燃焼によって水が生成するためである．また，酸素が減り，二酸化炭素が発生するので，部屋の換気が必要である．

エンジンの話に戻そう．エンジンに使う燃料は，**完全燃焼**すると，すでに述べたように水と二酸化炭素になるが，余分な燃料がエンジン内に供給されると**不完全燃焼**が起こり，有害な一酸化炭素が排出される．**アイドリング**，すなわちエンジンをかけたまま停止の状態にしていると，この不完全燃焼が起こりやすい．

アイドリングストップは，たんに燃料が節約できるだけではなく，エンジンから出る有害なガスを減らす効果もあることがわかる．

◆ SO_x や NO_x って何？

先に説明したように，純粋な炭化水素を燃やすと二酸化炭素と水のみが生成する．しかし，原料の石油は純粋な炭化水素ではないし，精製の段階で混入したものや，製品の改良のため新たに添加された化学成分なども混じっている．そのため，二酸化炭素と水以外の物質も生成してしまう．

たとえば，ガソリンが燃焼すると，微量に含まれている硫黄が次のように反応し，二酸化硫黄が生成する．

ワンポイント
ディーゼルエンジンの発明者
ディーゼルエンジンは，1897 年，ドイツの機械工学者ディーゼル（R. Diesel, 1858～1913）によって発明された．発明者の名前が名称として残っているのである．

ワンポイント
軽油がディーゼルに向く理由
ディーゼルエンジンでは，圧縮された高温空気と混合することによりシリンダー内で燃料を自然着火させる（火を付けるのではない）ので，発火点が低い軽油が適している．

ワンポイント
炭素化合物
二酸化炭素（CO_2），一酸化炭素（CO）のような炭素の酸化物，および金属の炭酸塩（たとえば炭酸カルシウム $CaCO_3$）などは炭素化合物といわれ，有機化合物には含まれない．

ワンポイント
二酸化硫黄
有毒で，かつては亜硫酸ガスと呼ばれた．火山活動によっても産生される．

$$\underset{\text{硫黄}}{S} + \underset{\text{酸素}}{O_2} \longrightarrow \underset{\text{二酸化硫黄}}{SO_2}$$

硫黄を含む酸化物は二酸化硫黄以外にもあるので，これらを総称して**SO$_x$（ソックス）**と呼ぶ．その代表が上式で例にあげた二酸化硫黄である．発生した二酸化硫黄は，さらに反応を受けて**硫酸**（H$_2$SO$_4$）になり，ミスト（霧）状になって拡散する．硫酸は強い酸性を示す物質なので，それを含む雨水も酸性が強くなる．これが地上に降り注ぐのが**酸性雨**である．SO$_x$は車のエンジンから出るだけでなく，重油を使っている工場からの排煙にも含まれている．

燃料が高温で燃焼すると，空気中の窒素と化学反応して，一酸化窒素（NO）や二酸化窒素（NO$_2$）など，大気汚染の原因となる**窒素酸化物**を作ってしまう．

窒素酸化物とは，一酸化窒素や二酸化窒素を含む化合物の総称で，**NO$_x$（ノックス）**ともいう．NO$_x$は大気中の水分に溶けると，強い酸性を示す**硝酸**（HNO$_3$）に化学変化していき，酸性雨の原因となる．酸性雨の元凶は，NO$_x$とSO$_x$だといわれている．

酸性雨が原因で大理石像が変色することがある．大理石は炭酸カルシウム（CaCO$_3$）が主成分であり，酸性物質と反応して分解する．たとえば，硫酸とは次のように反応する．

$$\underset{\text{炭酸カルシウム}}{CaCO_3} + \underset{\text{硫酸}}{H_2SO_4} \longrightarrow \underset{\text{硫酸カルシウム}}{CaSO_4} + \underset{\text{水}}{H_2O} + \underset{\text{二酸化炭素}}{CO_2}$$

硫酸によって炭酸カルシウムが溶け，硫酸カルシウムと水と二酸化炭素が生じる．大理石像も酸性雨に当たると，変色しながら溶けていくのである．

◆ 光化学スモッグに注意

光化学スモッグは大気汚染が原因で起こる現象である．光化学スモッグとは，大気中に排出されたNO$_x$などが太陽からの紫外線により空気中の酸素などと化学反応を起こして**光化学オキシダント**と呼ばれる物質になり，空中をミスト状になって分布した状態である．

光化学スモッグは，とくに呼吸器系に悪い影響を与え，目がチカチカする，喉が痛む，呼吸が苦しいなどの症状を起こす．またSO$_x$も光化学スモッグの原因となっている．

このようにSO$_x$やNO$_x$は，酸性雨の原因となるだけでなく，光化学スモッグというかたちでも，環境に悪影響を与える．

← **LINK** →
酸性については第2章参照．

ワンポイント
足尾鉱毒事件
明治時代に起こった足尾鉱毒事件は，銅鉱石の精錬の途中で排出された二酸化硫黄がそのまま排出され，近くの山や川を汚染した公害事件として知られている．

ワンポイント
光化学スモッグ
「光化学スモッグ」という言葉が初めて使われたのは，1943年頃からロサンゼルスで起こっていた，排気ガスが原因の大気汚染に対してであった．また，「光化学オキシダント」は，オゾンやアルデヒドなどの物質の総称で，酸化力が強く，目や喉の粘膜を刺激する．

日本の酸性雨

　酸性雨は，pHが5.6より小さい雨と定義されている．大気中の二酸化炭素が水（中性の水はpH7）に溶けると酸性になり，pHが5.6まで下がる．これよりもさらに酸性が強い雨を酸性雨と定義しているわけである．火山の噴火ガスなど，自然現象によって二酸化硫黄が発生することもあるので，pHを5.6より低く設定して酸性雨を定義する考えもある．

　図10.2に，日本各地の雨水のpHを示す．日本全体の平均値（1993～1997年）はpH 4.8～4.9である．日本海沿岸で酸性化が進んでいるのは，大陸からの黄砂（こうさ）などに含まれる硫黄の酸化物によるためと考えられている．

　pHが5より小さくなると，湖や河川の生物はほとんど死滅する．しかし日本には石灰岩を含む地層が多く，石灰岩に含まれる成分が水に溶け出すと塩基性になる（第2章参照）．そのためpH5より低い酸性の雨でも，湖や河川に流れ出す頃には塩基性に変わっている．ヨーロッパやアメリカで起こっている酸性雨による生物の死滅や立ち枯れが日本では少ないのは，そのためだと考えられている．しかし，群馬県の赤城山や神奈川県の丹沢山地などでは立ち枯れも見られ，酸性雨との因果関係が調査されている．

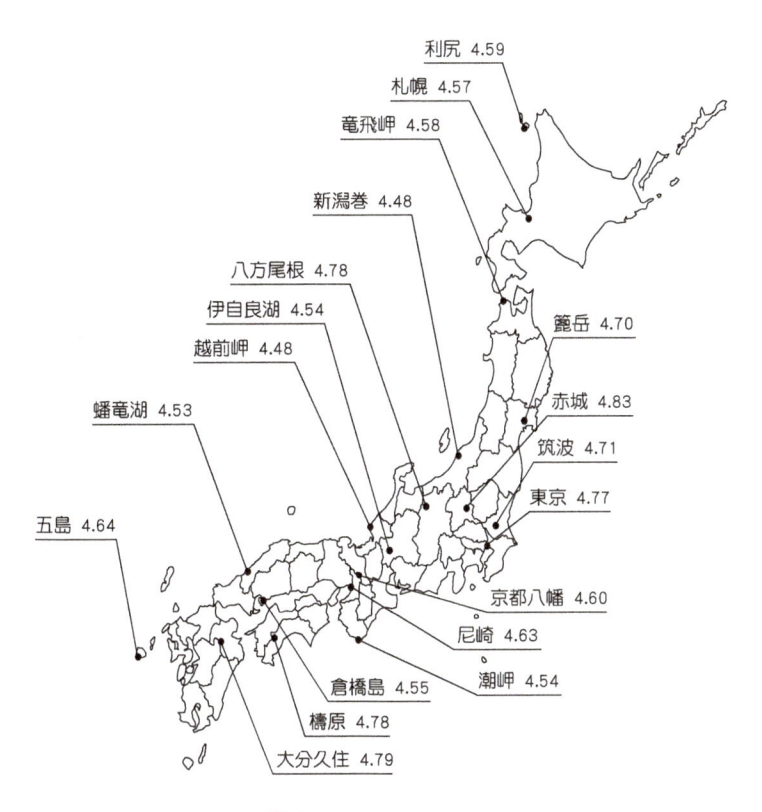

利尻 4.59
札幌 4.57
竜飛岬 4.58
新潟巻 4.48
八方尾根 4.78
伊自良湖 4.54
越前岬 4.48
蟠竜湖 4.53
五島 4.64
簾岳 4.70
赤城 4.83
筑波 4.71
東京 4.77
京都八幡 4.60
尼崎 4.63
潮岬 4.54
倉橋島 4.55
檮原 4.78
大分久住 4.79

図10.2 日本各地の雨水のpH

環境省ウェブサイトの「降水中のpH分布図」より引用，改変．
http://www.env.go.jp/earth/acidrain/monitoring/h19/index.html

◆ 環境を守る工夫

酸性雨や光化学スモッグの原因となっている SO_x や NO_x を取り除く技術もいろいろと開発されており，すでに実用化もされている．たとえば自動車のエンジンには，セラミックスの表面に白金を塗布した排ガス処理用触媒が使われ，窒素酸化物を窒素と水に分解している．これを**三元触媒**という．

また，化石燃料を燃やしている火力発電所では，排ガス中の硫黄酸化物を石灰石（$CaCO_3$）と反応させて硫酸カルシウム（$CaSO_4$）に変化させることにより取り除いている．これは，**排煙脱硫装置**と呼ばれている．

これらの化学技術の進歩により，近年は，SO_x や NO_x の大気中の含有量は，最盛期の5分の1〜10分の1に減少している．それに従い，光化学スモッグの発生もずいぶんと減った．

第11章 現代生活を支えるすぐれモノたち
— 身近な材料の化学

　私たちの身の回りのものは，いろいろな材料からできています．たとえば，木の机，金属の鍋，陶器やガラスの器，プラスチックの容器，紙のノート，天然繊維や合成繊維の服など，多種類の材料がさまざまな用途に使われています．しかし，これらの材料のすべてに共通していることがあります．それは，材料はすべて「原子・分子」から構成される物質であることです．したがって，材料の特徴を理解するには，どういう原子や分子がどのように結びついてできているかを見ていくことが重要になります．

　私たちの身の回りには，昔ながらの自然の素材から，最新の化学の研究成果に基づいて作られた材料まで，いろいろな材料で作られたさまざまな「もの」であふれています．いずれも，使用目的に合った特性—すなわち化学的性質，物理的性質—をもつ材料が用いられています．電気の通しやすさ，熱の伝わりやすさ，硬さなどの物理的あるいは機械的な性質はもちろん，触ったときの感触や耐久性が重要視される場合もあります．

　材料によってさまざまな特性がありますが，この違いはどこからくるのでしょうか．材料のもついろいろな特性を化学の眼でもう一度，見直してみましょう．

11-1　古くて新しいセラミックス

「今日は新しい包丁を買おうと思ってるの．ホームセンターに寄ってくれない？」

ブーン

「さあ，着いたよ．あ，金属じゃなくてセラミックスの包丁もたくさんあるね．一度，買ってみたら？　でも，セラミックスって何なんだろう？」

「基本的には，昔から使われている陶磁器と同じもので，お皿や花瓶と同じ材料ってわけ．広い意味では，土を固めて焼いたもの，すなわち陶磁器全般をセラミックスというんだ」

「でも，セラミックスって，普通はこの包丁みたいなものを指すんじゃないの？」

「一般的にはそうだよね．だから，この包丁のような，新しい材料としてのセラミックスをとくに『ファインセラミックス』と呼ぶこともあるのさ．いろいろな工夫によって，従来の陶磁器の新しい化学的・物理的性質を引き出したものがファインセラミックスだと思えばいいよ」

「昔から使っていた陶磁器が，化学の力で最先端の材料に生まれ変わったのね．最新の化学の研究成果と伝統技術のコラボレーションってことね」

「ファインセラミックスは包丁やはさみだけじゃなくて，自動車，情報通信機器，医療用素材など，さまざまなところに使われてるんだよ」

「お隣の義部図さんもファインセラミックスの包丁を買ったらしいけど，金属のと変わらないくらいよく切れるっていってたわ」

「そうなんだ．今日の晩ご飯を作るときにさっそく使ってみようか．じゃあ今晩は，奮発してステーキでも焼くか？」

「ステーキ，素敵！　でも，それって，包丁いらないような…」

◆ セラミックスってどんなもの？

われわれの身の回りで使われている材料は多種多様だが，おもなものに次の三つがあげられる．これらは三大材料と呼ばれている．

- 金属材料
- 有機材料（プラスチックなどの高分子材料を含む）
- セラミックス材料

この中から，まずセラミックス材料をとりあげよう．

一般的には，**セラミックス**とは，昔からよく使われている土器や陶磁器のことである．その中の一つである**ファインセラミックス**とは，材料や製造方法は基本的に従来の陶磁器と同じで，土を固めて焼くが，原料の純度を上げ，成分を制御し，微量の添加物を加えたりすることにより，今までにない新しい化学的・物理的性質を引き出したものである．これは，電子部品，建築材料，装飾品，さらには台所用品にまで使われている．次の項で，この

ワンポイント

ファインセラミックス
従来の陶磁器と区別する意味で「ニューセラミックス」ともいわれる．また用途により「モダンセラミックス」，「エレクトロニクスセラミックス」，「エンジニアリングセラミックス」などともいわれる．

ファインセラミックスの製法を説明する．

◆ ファインセラミックスの作り方

セラミックスは一般に，金属元素と非金属元素の組合せからなる酸化物あるいは非酸化物で，その種類も機能も幅広いが，機能面から分類すると，次の四つに大別できる．

・機械材料　・電子材料　・光学材料　・生体材料

ファインセラミックスの製造方法は，他の材料（金属材料やプラスチック材料）とは，かなり異なる．一般的には，①高純度の原料粉末を用意，②化学組成に合うように厳密に調合・混合，③目的に合った形に成型，④十分に制御された条件下で焼結，という流れで作られる．

①の高純度の原料を得るための工程では，ろ過・抽出・沈殿など，分離と精製に関係する化学の知識と技術が応用されている．

> **ワンポイント**
> **焼　結**
> 固体の粉末どうしを高温で反応させて焼き固めることを焼結という．

◆ アルミナはセラミックスの優等生

ファインセラミックスの優等生である**アルミナ**をとりあげてみよう．アルミナとは酸化アルミニウム（Al_2O_3）のことである．長石や雲母にも含まれ，シリカ（SiO_2）に次いで天然鉱物中に多く存在する化合物である．アルミナは白色の化合物で，次のような性質を示す．

①高い融点（2500℃）をもち，高温でも変化しない．
②耐酸性があり，放射線を通さない．
③金属より軽く，また精密な加工もできる．
④非常に硬く，物理的な摩耗を受けない．
⑤絶縁性が高く電気を通さない．

ちょいムズ　陶磁器と瀬戸物って同じもの？

陶磁器とは「陶器」と「磁器」の総称で，原材料や作り方に少し違いがある．土器は石器時代にも使われていた焼き物で，低い温度（700〜900℃）で焼かれた，非常にもろいものである．陶器は，それより高い温度（1000〜1200℃）で焼かれたもので，食器にもよく使われる．磁器は，陶石という粒子の細かい土を材料に用い，さらに高温（1300℃程度）で加熱された緻密なものである．表面に釉薬と呼ばれるガラス質を塗るため，硬くて丈夫で水を通さない．

近畿よりも東の地方では，陶磁器のことを瀬戸物と呼ぶことがある．愛知県の瀬戸地方は昔ながらの焼き物の産地で，本来はそこで作られたものを瀬戸物と呼んでいたが，いつの間にか陶磁器一般を指す言葉として用いられるようになった．

このような特徴をいかして，アルミナはさまざまな分野で使われている．耐熱・耐食・耐摩耗性を活かした用途として，半導体回路基板，自動車の点火プラグ，人造ルビー，人口骨，切削工具などがあげられる．身近なところでは台所で使う包丁にも用いられている．これはアルミナのもつ③と④の性質を応用したものである．

◆ その他のファインセラミックス

> ← LINK →
> フェライトの磁石としての応用は第14章で説明する．

他にファインセラミックスが使われている身近な例として，**フェライト**などの磁気材料がある．また，ガス漏れ，温度，湿度などをキャッチするセンサーにもセラミックスが使われており，これをセラミックスセンサーという．台所に備えられているガス漏れセンサーもこの一つである．

また，身近な応用として期待されているのが，セラミックスを用いた**生体材料**である．セラミックスの中には，生体中で分解，吸収などが起こるほど生体になじみやすいものもある．拒絶反応を示さず，耐久性の高い材料は骨，歯，心臓弁などの代替や修復に用いられている．たとえば，**ヒドロキシアパタイト**[*1]は人工歯の材料としてすでに使われている．

[*1] ヒドロキシアパタイトの化学式は $Ca_{10}(PO_4)_6(OH)_2$．

セラミックスは，土器から始まり，人類の文化の発展とともに長い時間をかけて改良が重ねられてきた材料といえる．

よく切れるファインセラミックス製の包丁

ちょいムズ　アルミナの原料はボーキサイト

アルミナの原料となるボーキサイトは，発見されたフランスの地名に由来する．

アルミニウムは水に溶けにくいため，その水酸化物が風化作用により取り残され濃縮したものがボーキサイトである．

ボーキサイトはアルミナだけでなく，金属アルミニウムの原料でもある．ボーキサイトを電気分解することにより，純度の高い金属アルミニウムを取り出すことができる．

11-2　現代生活に欠かせない金属材料

「向こうに犬小屋のコーナーがあるよ．アトムにはどんなのが似合うかなあ．アルミ屋根の犬小屋があるよ．なぜアルミニウムを屋根に使ってるんだろう？　軽いからかな？」

「それも理由の一つだけれど，大きな理由は『さびない』からだ．家を建て替え中の，お隣の義部図さんも，外壁がアルミニウムだって自慢してたよ」

「でも歴史的にいうと，アルミニウムは最近になってようやく使えるようになった金属なんだろ？」

「え？　ツタンカーメンの面は金でできているし，銅鐸も銅でできているよね．ずっと昔から人間は金属を使って生活してきたんじゃないの？」

「そうなんだけど，アルミニウムはなかなか実用化されなかったんだ．精錬するのがたいへんなんだよ」

「アルミだけに，ある意味難しい面があるのかもしれないなあ」

「……．じゃあ，気を取り直して調理用具のコーナーにでもいってみるか．アルミ製の雪平鍋に，銅製のシチュー鍋に，ステンレス製の片手鍋か．鍋にもいろんな種類があるなあ」

「それぞれ特徴があるから，料理によって使い分けるといいのよ．材料によって，いろいろな性質があるからね」

「そうだね．たとえば，銅は熱をよく伝える金属だから，昔からいろんな調理器具に使われているんだ．卵焼き器なんかが有名だね」

「アルミや銅だけじゃなくて，身の回りにはさまざまな金属があるよね．金属は，今も昔も生活に必要不可欠な材料ということね」

「金属なしでは，生活できんぞ(く)」

◆ 金属の実用化の歴史

金属を生活に利用するために，大昔から人間は知恵を絞り，努力を傾けてきた．現在では，金属は生活に欠かせない材料となっている．

歴史的には，石器時代にはすでに金や銀が利用されていたが，青銅器時代，鉄器時代となるにつれ，銅，亜鉛，鉄などの金属を用いることが可能になり，食器，農耕機具，装飾品，武器などが作られた．

年　代		B.C. 4000 年頃〜	B.C. 2000 年頃〜
時　代	石器時代	青銅器時代	鉄器時代
使われた金属	金　→　銀　→　銅　→　亜鉛　→　鉄		

このように，利用できる金属の種類は時代とともに増えてきたが，この順番は，金属のもつ化学的性質に深く関係している．

まず，金属の原料となる鉱石は地中（鉱床）にあり，それを取り出す技術

> **ワンポイント**
>
> **金属器の年代**
>
> 金属器の年代は，地域によってかなりの幅がある．たとえば青銅器時代は，近東ではB.C. 4000 年頃，ヨーロッパやインドではB.C. 2000 年頃，中国ではB.C. 1500 年頃から始まった．

が必要なので，取りやすいところにある金属から順に実用化された．また，金属は酸素などの元素との化学反応性が高いため，多くは酸化物，硫化物，水酸化物のかたちで存在する．それらから純度の高い金属を得る技術が開発されないと，その金属は利用できない．

では，おもな金属について，実用化された順に見ていくことにしよう．

◆ 最初に実用化された金属

人類史上，最初に使われるようになった金属は**金**（Au）である．他の元素との反応性が低く単体の状態で存在するので，鉱床から取り出すことが容易なためである．また軟らかく加工しやすいため，装飾品などに利用されてきた（図11.1）．

図11.1 古代エジプトのツタンカーメン王のマスク

◆ さまざまな長所をもつ銅

次に**銅**（Cu）について説明する．銅は加工しやすく，電気や熱をよく伝えるので，その長所を活かしていろいろなものに使われている．熱がよく伝わる銅製の鍋もその例である．また，電気をよく通すので，回路中の配線などに使われる．銅鉱石（黄銅鉱 $CuFeS_2$）から純度98%程度の粗銅を取り出し，さらに電解精錬という方法を用いることによって純銅が得られる．

また銅は単体だけでなく，**合金**のかたちでも利用されている．合金はいくつかの単体の金属を混ぜ合わせ融解させた後，凝固して作る．合金には，単体にはない優れた性質を示すものも多い．代表的な合金の例を表11.1に示す．以下，いくつかを紹介しよう．

青銅はブロンズとも呼ばれ，銅とスズ（Sn）の合金で，B.C. 4000年頃から利用されている．硬貨，銅像，銅鐸，装飾品など多くのものに使われている．青銅は空気中に長期間さらされると表面が青緑色になり，これが青銅の言葉の由来にもなっている．この青緑色の物質は緑青（ろくしょう）と呼ばれる銅の酸化物である．

銅と亜鉛の合金が**真鍮**（しんちゅう）で，ブラスや黄銅（おうどう）とも呼ばれる．音楽隊をブラスバンドと呼ぶのは，編成に使われる金管楽器のほとんどが真鍮でできている

ワンポイント
銅製の調理器具
銅製の調理器具は，西洋料理ではシチュー鍋，日本料理では卵焼き器が代表的だが，これは熱をよく伝える性質のためである．

真鍮は銅と亜鉛の合金．

表11.1 合金の例

	青銅（ブロンズ）	真鍮（ブラス）	はんだ	ジュラルミン	ステンレス
成分	銅，スズ	銅，亜鉛	亜鉛，スズ	アルミニウム，銅，マグネシウム	鉄，クロム，ニッケル
特徴	硬い，腐食しにくい	光沢，丈夫	融点が低い	軽い，丈夫	さびにくい
用途	美術品，鐘楼	金管楽器	金属の接合	航空機構造材料	工具，台所用品

ためである．真鍮は金のような光沢と硬さをもち，加工性にも富んでいるため，機械治具や日用品など，その用途は広い．

◆ もっともポピュラーな金属，鉄

紀元前 15 世紀頃，ヒッタイト族が人類史上初めて**鉄**を利用したといわれている．ヒッタイト族は，優れた製鉄技術により鉄製の武器を作り，他の部族を圧倒したといわれている．

現在でも，鉄はもっとも大量に利用されている金属で，その原料は**鉄鉱石**という鉄の酸化物である．鉄は酸素との結びつきが強く，自然界では通常，酸化物のかたちで存在する．

以下のような方法で，鉄鉱石から鉄の単体を得る．鉄鉱石に石灰石とコークスを混ぜ高温（2000℃以上）で加熱すると，酸素が奪われ**銑鉄**が得られる．銑鉄は多くの炭素を含んでいるが，炭素の量が変わると鉄の柔らかさも変わるため，用途が広い．炭素成分が多いものは鉄瓶，少ないものは包丁や釘などに使われる．

この銑鉄から不純物である炭素を取り除き，純度を高めたものが**鋼**（はがね）である．鋼は機械の部品や建築材料に使われる．

鉄の融点は約 1350℃ と，青銅の融点（約 1000℃）よりも高く，このため歴史的には鉄は青銅よりも遅れて利用されることになった．

> **ワンポイント**
> **たたら場**（せんてつ）
> 昔の製鉄所はたたら場と呼ばれていた．映画「もののけ姫」の舞台としても登場した．「たたら」は原料の砂鉄に木炭を混ぜ高温で加熱するときに，空気を外から送り込む道具として使われていた．そのため，日本式の製鉄所のことを「たたら」と呼んでいたのである．

◆ 現代生活に不可欠なアルミニウム

よく用いられる金属として，最後に**アルミニウム**をとりあげよう．アルミニウムは，軽くて軟らかく丈夫で加工しやすいという性質の他に「さびにくい」という特徴をもつ．アルミニウムがさびにくいのは，表面に薄い酸化アルミニウムの被膜がいったんできると，内部が保護されてさびの進行が止まるからである．そのため窓枠（サッシ），建物の外壁，飲料用缶，車体などに使われている．

> **ワンポイント**
> **不動態**
> アルミニウムの表面にできた酸化被膜は不動態と呼ばれる．

▶ 11-3　半導体って電気を半分通すの？

「あ，これが母さんのいってた銅製の卵焼き器ね．銅が調理器具によく使われるのは，熱をよく伝えるからなんだよね？」

「そうだよ．それと，銅は熱だけでなく，電気もよく通す金属なんだ．金属にも，電気を通しやすいものと通しにくいものがあるんだよ」

「金属っていうと，どれでも電気をよく通しそうなイメージだけど，種類によって差があるのね」

「そういうこと．そして，究極に電気をよく通すのが，電気抵抗ゼロの超伝導物質なのさ」

「チョーデンドー？　殿堂入りってこと？」

「いや，その殿堂とは関係ないよ．20年ほど前，高温超伝導体が発見されて，超伝導フィーバーが巻き起こったこともあったんだよ．そして，超伝導物質とは反対に，電気をまったく通さないのが絶縁体だ．たとえば，電柱の上のほうについている碍子（がいし）は，絶縁材料のアルミナで作られたものなのさ」

「身近なところに，そういう物質が使われていたのね」

「そして，導体と絶縁体の中間の性質をもつのが半導体なんだ．あらゆる電子機器にたくさんの半導体製品が使われているんだよ．いまや，人類にとってなくてはならない材料だね．この半導体はケイ素（シリコン）から作られるのさ．シリコンバレーって聞いたことあるだろ？」

「聞いたことある．シリコンってのは，元素の名前だったのね」

「形成外科手術に用いるゴム状の化合物などもシリコンって呼ぶことがあるけれど，そういったケイ素を含む高分子は正確にはシリコーンというんだ．両者を混乱しないようにしたいね」

◆ 超伝導って何だ？

超伝導体とは，電気抵抗のまったくない物質のことである．

研究の当初は，超電導を示す物質は金属や合金に限られており，**臨界温度**は30 K以下であった．これが，一気に90 Kに上昇することになる．その先駆けが，1986年のベドノルツ（J. Bednorz）とミューラー（K. Müller）による**高温超伝導体**の発見であった．その後，図11.2のような高温超伝導体が発見され，1987年には臨界温度は90 K（−183℃）にまで上昇した．臨界温度が30 K以下だったのと比べると，90 Kは非常な「高温」であり，また液体窒素で下げられる温度であることからも，画期的な発見であった．現在も，なるべく高い温度で臨界温度を示す超伝導材料の開発が進められている．

その構造はどのようなものなのだろうか．高温超伝導体は，金属元素を含む酸化物でできているファインセラミックスの一種で，セラミックスと金属の両方の性質をあわせもっている．図11.2は代表的な高温超伝導体材料の結晶構造である．金属元素と酸素元素が規則的に配置している単純な構造だが，酸素の量をきわめて微妙に制御することにより，90 Kという温度で電気抵抗がなくなる．歴史的にも有名な化合物である．

高温超伝導体の材料を用いると，まったくエネルギーのロスなく電気を蓄えることができる．同様に，電気抵抗による発熱がないため，発電所から各家庭まで無駄なく電気を供給できる．また，近い将来に実用化を目指してい

ワンポイント

臨界温度

電気抵抗がゼロになる温度を臨界温度という．

ワンポイント

絶対温度

K（ケルビン）は絶対温度を示す単位．絶対温度（K）−273＝摂氏温度（℃）の関係がある．したがって，90 Kは摂氏温度（℃）に換算すると，90−273＝−183℃である．

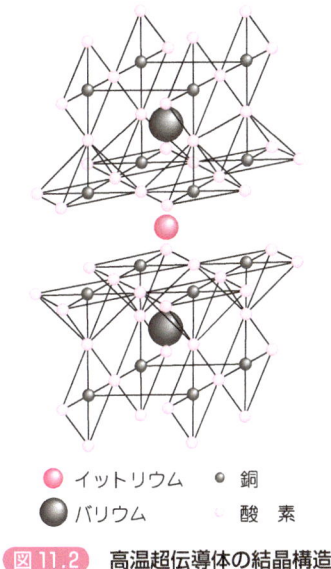

● イットリウム　● 銅
● バリウム　　○ 酸素

図11.2 高温超伝導体の結晶構造

代表的な Y（イットリウム）系酸化物.

るリニアモーターカーにも超伝導体が使われるなど，まさに夢の材料といえよう．高温超伝導体の開発と応用には，これからも化学の力が必要とされるに違いない．

◆ 電気を半分通すって？

次に**半導体**について説明する．半導体とは，電気をまったく通さない絶縁体と，よく通す導体の中間的な性質を示す物質である．半導体の材料によく使われるケイ素（シリコン，Si）は，99.9999999% まで純度を高めた Si 単結晶である．また，原料は SiO_2 である．

半導体の製造技術とその応用には，化学や物理の研究成果が活かされ，日本は世界でも最先端の技術をもち，付加価値の高い半導体の製品を多く作っている．

半導体材料の応用は広く，電子部品や回路部品としては，トランジスター，ダイオード，発光ダイオード（LED）などがある．信号機にも LED が使われているし，携帯電話やゲーム機の中にも数百個以上の半導体の部品が使われている．

半導体材料は，われわれの日常生活の中で，いろいろな製品に数え切れないほど使われている．昔は鉄が産業全体を支えてきたが，今や半導体材料のシリコンが産業の主役になっているといえるだろう．

ワンポイント
ケイ素以外の半導体
半導体の材料には，ゲルマニウム（Ge）も用いられる．

ワンポイント
シリコンバレー
アメリカ西海岸の一部に半導体産業の企業が集中しており，ここを「シリコンバレー」と呼ぶ．また，日本の九州地方は，半導体工場が比較的多くあるので，「シリコンアイランド」と呼ばれることがある．

11-4　雨が降ればきれいになる光触媒の秘密

「じゃあ，そろそろ帰ろうか」
　　ブーン
「お隣の義部図さんの家の建て替えもかなり進んできたね．おばさんが『雨が降るほどきれいになる壁にしようかしら』なんていってたけど，どういうことなの？」
「そういう機能をもった壁には，シリカ粒子を使ったものと光触媒を使ったものがあるね．ナノ技術を使ってシリカ粒子に超親水処理をするのさ」
「へえー，ハイテクな壁なのね．そういえば，建て替えを機に光ファイバーを導入するって．わが家も去年，導入したよね．ウェブサイトの表示やメールのやりとりが，ずいぶん速くなったわ．でも，光ファイバーって何でできてるんだろう？」
「とても細いガラスの線を束ねて作られたものが主流だね．コップなどと同じガラスなんだよ．その中を，光が反射を繰り返しながら通っていくのさ」
「ガラスだったんだ？　意外な材料でできているのね」
「普通の銅線を使った場合より多くの情報を伝えることができるんだけど，光ファイバーのガラスの線は，髪の毛ぐらいの細さで，不純物を少なく，かつ長くする必要があるから，作るのが難しいんだよ」
「化学の力が，それを可能にしてるってわけね．父さんのお腹も，化学の力で不純物を取り除いて細くしてもらったら？」

◆ 雨が降るほどきれいになる壁？

　建築材料は，何十年というスパンでの耐久性・耐候性が要求される．また外観を美しく保つ，保守維持が簡単に行える，などの条件も必要である．

　ここでは，セルフクリーニング効果のある外壁材料を2種類紹介する．汚れにくい外壁の仕組みを簡単に説明すれば「汚れを水となじませ，浮かせて雨水と一緒に流す」ということになる．

　一つ目は，**シリカ**を使ったセルフクリーニング外壁である．壁の表面に注目すると，壁材料の表面には小さなシリカ粒子が均一に広がっている．シリカ粒子にはヒドロキシ基（OH 基）がたくさん付いていて，空気中の水分子が吸着しやすい状態になっている（図 11.3）．すなわち水分子の薄い層が外壁の表面をつねにおおっていることになる．

　もし汚れが付いても，この薄い水分子の膜の上に浮かんだ状態になり，雨が降ると一緒に汚れが洗い流されるという仕組みになっている．そして，汚れが除かれた場所には再び水分子が付着し元の状態になる．化学の技術により，外壁材料の表面を超親水性に改質した結果ともいえる．

　その他には，**光触媒**の働きを利用した，セルフクリーニング効果をもつ外壁も作られている．

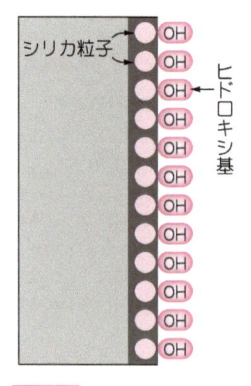

図 11.3　外壁の超親水性表面

ヒドロキシ基（OH 基）には水がくっつきやすい．

外壁に降り注ぐ太陽光には紫外線が多く含まれている．蛍光灯の光からも紫外線が出ている．光触媒という物質に紫外線が当たると，NO_xやSO_xのような大気汚染物質や細菌を分解する反応が起こり，分解されたものは雨水で洗い流される．光触媒の研究・開発には，日本人が大きく貢献している．

◆ 快適通信に欠かせない光ファイバー

次に，光通信の主役である**光ファイバー**について説明しよう．光ファイバーに用いられている材料は，ガラスのコップと同じ二酸化ケイ素（SiO_2, シリカ）である．

ガラスに不純物が混ざっていると，透明度が落ちて光を通しにくくなる．よって，光ファイバーに用いるガラスは，できるだけ純度を高くして，光が伝わるときに信号が弱くならないようにしなければならない．また，ガラスの原材料を高温で加熱しながら，糸を紡ぐようにして，髪の毛の細さの長いファイバーを作る必要がある．実際の光ファイバーは，この細いファイバーが数百本ほど束ねられている．

ガラスの原材料の品質向上，均一なファイバーを低コストで作る技術の開発など，これからもさらなる発展が期待されている．

次に光ファイバーの中を光が進む原理について説明しよう．光ファイバーは，周囲が保護された二重の円筒構造になっている．中心部の材料は屈折率が高く，光はその壁で全反射を繰り返し，いわば内部に閉じ込められた状態で伝達される（図11.4）．そのためエネルギーの消耗も少なく，速度も非常に速い．

図11.4 光ファイバーの構造

ワンポイント
いろいろなガラス

ガラスの原料はケイ砂である．光ファイバーのように，二酸化ケイ素だけでできたガラスは石英ガラスと呼ばれる．ガラスコップや窓ガラスには，炭酸ナトリウムや炭酸カルシウムが含まれていて，ソーダー石灰ガラスと呼ばれる．またホウ酸を混ぜると，融点が高くなり，歪みが少なく耐薬品性も生じる．このようなガラスは，実験器具に使われている．

ちょいムズ　光触媒のメカニズム

光触媒が汚染物質を分解するメカニズムを説明しよう．代表的な光触媒である**酸化チタン**（TiO_2）に紫外線を当てると，空気中の酸素が**活性酸素**という物質へ変化する．活性酸素にもいろいろな種類があるが，その代表的なものにスーパーオキシドラジカル（O_2^-）がある．

これらの活性酸素は非常に強い酸化力をもつため，壁に付着した汚れ（有機物）を分解できる．

また同時に，酸化チタンが水と反応して，その表面が超親水性になるため，シリカ粒子を表面に塗布したときと同じように汚れの下に水が入り込み，汚れが落ちる．

光ファイバーは現代の情報化時代には必要不可欠だが，手術に用いる内視鏡など，医療分野でも使われている．化学の力により，高品質の光ファイバー製品が安定に供給されている．

第12章 電気パワーが社会を明るくする
– 電池の化学

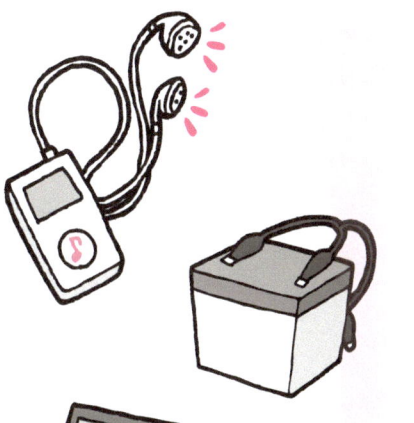

　電話をかけようと思ったら、携帯電話のバッテリーがなくなっていて、大あわてをすることがあります。バッテリー、すなわち電池はいろいろなところで使われています。たとえば音楽プレーヤーや腕時計、電卓、懐中電灯などなど、あげればきりがありません。車にも充電池が搭載されています。私たちの生活は、電池のお陰でずいぶん便利になっていることがわかります。

　電池は大きさもいろいろで、また充電できるタイプと、できないタイプがあります。携帯電話がこんなに普及しているのも、充電できるタイプの電池が小さくなったお陰です。充電できないタイプの電池も使い捨てではなく、回収して中の材料を再利用することが行われています。

　電池の中で起こっている現象（充電と放電）は、化学と深い関係があります。ほとんどの電池は、酸化・還元という化学反応によって、電力を得ています。

　電池の原理を理解して使いこなせば、もっと無駄なく便利に電池を活用できるかもしれませんね。そんな電池を、化学の眼で見ていくことにしましょう。

12-1　酸化と還元は同時に起こる

「さあ家に着いた．留守電が入ってるわね．あら，姉さんからだわ？　デートにいったけど，何かあったのかな」

「公衆電話からでーす．携帯の電池が切れちゃったので，かけてもらってもつながりません．ごめんなさーい．今から，話題の映画『標準状態の餃子』を観るわ．じゃあねー」

「何度，同じ失敗をすれば気が済むんだろう…．でも，私もバッテリーが切れて困ったことがあるなあ．電池がもう少し長持ちになればいいのに」

「そうはいうけど，あの小ささであれだけの容量の電池を作るのはたいへんなんだぞ」

「そうなんだ．勝手なことばかりいっちゃダメね．電池って，どういう仕組みで電気を発生させるの？」

「『酸化と還元』って覚えてるかい？　中学校の理科で習ったはずだよ」

「何となく覚えてるわ．たしか，英語ではレドックス反応っていうんでしょ？」

「それは，大リーグのチームだ…．レドックス反応ね．多くの電池は，この酸化・還元反応によって電力を得ているのさ．たとえば，物が燃えること（燃焼）も酸化の一種だね」

「そういえば，食料品やお菓子の袋に『酸化防止剤』とか『脱酸素剤』がよく入ってるわ．これも酸化反応が関係しているの？」

「その通り．台所や洗濯で使う漂白剤も酸化や還元を利用しているし，鉄などが『さびる』のも酸化なんだよ」

「へぇー．身の回りの化学的な現象の中には，酸化と還元で説明できることが多いのね」

> **ワンポイント**
> **酸化・還元の定義**
> 現在では，酸素の授受だけでなく，水素との反応，さらには電子の授受にまで拡張して，酸化と還元が定義されている．また，酸化・還元を酸化数の増減でとらえる便利な考え方もある．

◆ 酸化と還元の関係

化学反応の中でも，**酸化**と**還元**は非常に重要である．簡単にいえば，物質が酸素と化合する変化が酸化，反対に酸素を失う変化が還元である．この二つはつねに同時に起こるので，まとめて**酸化・還元反応**と呼ぶ．まず簡単な例をあげよう．

銅線を空気中でバーナーにより加熱すると，黒色の酸化銅(II)（CuO）に変化する．そして，高温を保ったまま水素を満たした試験管に入れると，再び元の銅の色に戻る．

これを銅（Cu）から見ると，まずバーナーで酸化され，その結果，酸化銅(II)に変化した．次に，水素と反応して酸素が奪われ，すなわち還元されて銅に戻ったことになる．この反応を化学反応式を用いて表すと，以下のようになる．

$$2Cu + O_2 \longrightarrow 2CuO \tag{12.1a}$$
　銅　　酸素　　　　酸化銅(II)
　　　　　酸化された

$$\text{CuO} + \text{H}_2 \longrightarrow \text{Cu} + \text{H}_2\text{O} \tag{12.1b}$$
酸化銅(II)　水素　　　銅　　水
　　　└─還元された─┘

式 (12.1a) の反応では，銅は酸素と化合しているので酸化されたことになる．一方，式 (12.1b) の反応では，酸化銅 (II) は酸素を失っているので還元されたことになる．

◆ 温泉でも利用されている

　火山の近くにある温泉地帯では，硫化水素という有毒な物質が温泉水に含まれるため，それを取り除く必要がある．まず，湯畑と呼ばれるところに源泉からの湯を溜める．そして，次の酸化・還元反応を利用して硫化水素のガスを追い出す．

$$2\text{H}_2\text{S} + \text{O}_2 \longrightarrow 2\text{S} + 2\text{H}_2\text{O} \tag{12.2}$$
硫化水素　酸素　　　硫黄　　水

式 (12.2) の反応で硫化水素に注目すると，反応によって水素を失って硫黄に変化したことがわかる（酸化反応）．また，酸素分子 (O_2) に注目すると，水素と化合して水 (H_2O) に変化したことがわかる（還元反応）．このように，水素を失うことを酸化，水素と化合することを還元と考えてもよい．

> **ワンポイント**
> **酸化物**
> 燃焼などの化学変化によって，酸素と化合してできた物質を一般に酸化物という．金属元素が酸化されてできた生成物はとくに「金属酸化物」と呼ばれる．

温泉から出る硫化水素の処理法とは？

⟵ **LINK** ⟶
第1章で述べた携帯カイロも，鉄 (Fe) が酸化されたときの発熱を利用していたものである．

ちょいムズ　酸化還元は電子のやりとり

　酸化と還元を**電子**のやりとりに注目して考えよう．銀製の食器や装飾品が，歳月がたつと黒く変色することがある．銀は空気中の酸素とは反応しにくいが，硫黄とは結びつきやすく，次の反応が起こっているためである．

$$2\text{Ag} + \text{H}_2\text{S} \longrightarrow \text{Ag}_2\text{S} + \text{H}_2 \tag{12.3}$$
銀　硫化水素　　　硫化銀　水素

すなわち，銀が空気中の微量の硫化水素と反応して，硫化銀ができている．これが黒い物質の正体である．温泉地帯では空気中に硫化水素が多く含まれるので，銀製品は黒くなりやすい．式 (12.3) の反応は，電子 e^- を用いると，次の2段階 (12.4aと12.4b) で表すことができる．

$$2\text{Ag} \longrightarrow 2\text{Ag}^+ + 2e^- \tag{12.4a}$$
銀　　　　銀イオン　　電子

$$\text{H}_2\text{S} + 2e^- \longrightarrow \text{S}^{2-} + \text{H}_2 \tag{12.4b}$$
硫化水素　電子　　　硫化物イオン　水素

式 (12.4a) の生成物 Ag^+ と式 (12.4b) の生成物 S^{2-} が反応して Ag_2S（硫化銀）という物質ができると考えるわけである．

　Ag に注目すると「電子 e^- を失って」Ag^+ になり（式 12.4a），S に注目すると「電子 e^- をもらって」S^{2-} になっている（式 12.4b）．このように，「電子 e^- を失う」ことを「酸化された」，「電子 e^- をもらう」ことを「還元された」と定義することもできる．すなわち，式 (12.4a)(12.4b) の反応において，Ag は酸化され，S は還元されたことになる．

　酸化と還元は，最初は酸素あるいは水素との反応に限定されていたが，その後，上記のように**電子の授受**によって拡張して定義されることになった．

　ものの売買が物々交換から始まり，その後，貨幣を仲介して売買が行われるようになって，流通が拡張していった経緯と似ている．

有毒な硫化水素を含む源泉からの湯を，湯畑で空気中の酸素と反応させ，硫黄と水に変化させているわけである．温泉地帯によく見られる黄白色の粉は，硫化水素が酸化されてできた硫黄が原因である．

12-2　電池を発明した人って？

「酸化・還元については何となくわかったけど，それが電池の仕組みとどう結びつくのかが難しいわ」

「じゃあ，順に説明しようか．今使っているような実用的な電池が開発されるまでには，長年の研究の積み重ねがあったんだよ．最初に電池の原型となるものを考案した人を知ってるかい？」

「学校で習ったわ．え～っと，ボルタさんだったっけ？」

「正解！　18世紀生まれのイタリア人だよ．彼の発明が先駆けとなって，人類が物質の化学変化から電気エネルギーを取り出せるようになったというわけさ」

「イタリア人だったのね．そういえば，教科書に載ってる肖像画も，パスタが好きそうな顔をしてたわ」どんな顔なんだ…

「携帯電話，ノートPC，携帯音楽プレーヤー，時計などなど，電池のない生活なんて考えられないね」

「車のバッテリーも電池だしね．そもそも，電池を英語でいうと，バッテリーなんだ．さらに，車のバッテリーは，高校の教科書にも載っている鉛蓄電池なんだよ」

「へぇー．高校の教科書に載っている電池が実際の自動車にも使われてるのね」

「電池は，酸化・還元反応によって生じた化学エネルギーを電気エネルギーに変える，小さな発電装置といえるものなんだよ」

「化学エネルギーというのがよくわからないなあ．ものを燃やして発生する『熱』も化学エネルギーだって習ったけれど，そうなの？」

「もちろんだ．熱のかたちでエネルギーを取り出しても利用法は限られるので，電気エネルギーとして取り出すことに電池の大きな意味があるんだよ」

「電池って当たり前に使ってるけど，実用化までには多くの工夫があったのね」

L. Galvani
1737～1798, イタリアの解剖学者．

◆ 電池を実用化した人

1786年にイタリアのガルバーニが，動物電気の研究をしている際に，2種類の金属に触れるとカエルの脚がピクピクと動くのに気づいた．その後，ボルタがそれをヒントにして，**電池**の原型になるものを考案した．

ボルタは亜鉛板と銅板の間に食塩水を染み込ませた布を挟み，それを積み重ねたものから電気エネルギーを取り出した（1799年）．これは，ボルタの電堆といわれている（図12.1a）．この仕組みが，今日の電池の基礎となっている．

さらに，ボルタは希硫酸中に銅板と亜鉛板を離して差し込み，導線でつな

いだ．これは，**ボルタ電池**といわれている．図 12.1（b）は，このボルタ電池を直列につないで高い電圧を得ようとした様子を示している．このように，異なる金属板を希硫酸（一般に電解質溶液と呼ぶ）中に差し込むと電気エネルギーが取り出せるので，このような容器を電気の池という意味で「電池」と呼んだのである．

A. Volta
1745～1827．イタリアの物理学者．電圧の単位 V（ボルト）は，ボルタの名にちなんでつけられたものである．

電池の仕組み

ボルタ電池では，どのような化学変化が起こっているのだろうか．まず，硫酸のような酸性の水溶液に亜鉛（Zn）を入れると，亜鉛イオン（Zn^{2+}）になって溶け出す．このとき，水素を発生する．

このように，金属は酸に溶けて水素を発生し，陽イオンとなるが，陽イオンへのなりやすさは金属によって異なる．このなりやすさを「金属のイオン化傾向」という．そして，金属をイオン化傾向の順に並べたのが「金属のイオン化列」である．

Na ＞ Mg ＞ Al ＞ Zn ＞ Fe ＞ Pb ＞ (H) ＞ Cu ＞ Au

金属のイオン化列は，水素電極を用いた場合を基準にして求めた「標準電極電位」の順に並べたものである．

金属のイオン化列で，亜鉛と銅の化学的性質を比較しよう．まず，亜鉛（Zn）は水素（H）より左側にあり，陽イオンになりやすいことがわかる．一方，銅（Cu）は水素より右側にあり，陽イオンにはなりにくい．すなわち，銅より亜鉛のほうが陽イオンになりやすいといえる．

ボルタ電池は，この差を利用したものである．図 12.2 のように，希硫酸に亜鉛板と銅板を極板として差し込むと，両金属板の間に電位差，すなわち起電力（ボルタ電池の起電力は，約 1.1 V）が生じる．このとき，両金属板で起こっている反応をまとめると，次のようになる．

亜鉛板（負極） $Zn \longrightarrow Zn^{2+} + 2e^-$ (12.6a)

（導線により流れる）

銅　板（正極） $2H^+ + 2e^- \longrightarrow H_2$ (12.6b)

（正極と負極については次節を参照）

ここで電子 e^- の移動に注目してみよう．亜鉛は，電子を失っているので酸化されている（式 12.6a）．一方，溶液中の水素イオン（H^+）は電子を受け取っているので，還元されている（式 12.6b）．

式（12.6）に示すように，放出された電子が導線を通じて銅板に移動し，銅板付近で水素イオンと反応して水素が出る．なお，式（12.6）に現れる水素イオンは，薄い酸（この場合は硫酸）が電離して生じたものである．

ここで注意することは，銅板の電極付近では，銅ではなく水素が反応して水素ガスが発生していることである．この水素が反応を邪魔するので，起電力が著しく低下する．これを「分極」という．分極を防ぐためには，過酸化水素水などの酸化剤を入れればよい．

電極表面で実際に起こる化学反応は複雑で，正確に理解するには電気化学の知識が必要である．

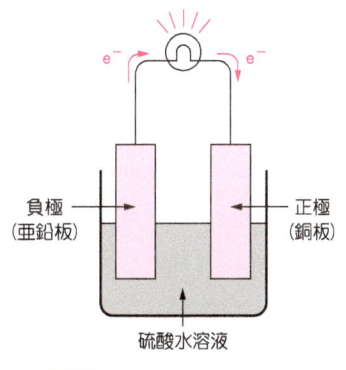

図 12.2 ボルタ電池の原理

ワンポイント
ボルタの電池の他にも
現在の電池の原型として，ボルタの電池の他に，バグダッド電池やルクランシェの電池なども知られている．

ワンポイント
電解質溶液
塩化ナトリウム（NaCl）は，水に溶けて Na^+ と Cl^- に電離する．このように，電離する物質を「電解質」という．一方，砂糖のように，水に溶けても電離しない物質は非電解質といわれる．

J. Daniell
1790〜1845，イギリスの化学者．

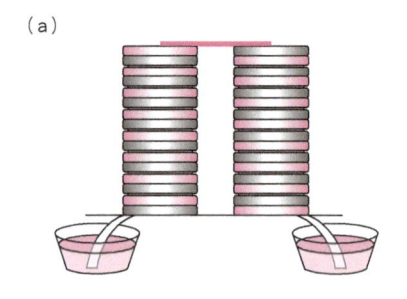

図12.1 （a）ボルタの電堆　（b）直列につないだ電池

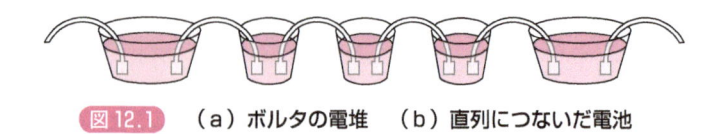

◆ ボルタ電池を改良したダニエル

ボルタ電池には，すぐに起電力が低下するという問題があった．その問題を解決するため，ダニエルが改良を加えたのが**ダニエル電池**である（1836年）．これは，その後の実用的な電池の開発につながった．

12-3　現代の電池と電気分解の原理

「電池の元となるものを発明したのはイタリア人だったのね，グラッツェだわ．電気というかたちでエネルギーが取り出せるから，いろいろな製品に使えるわけだもんね」

「そういうこと．電気エネルギーは他のエネルギーへの変換がしやすいから，使いやすいんだよ」

「ただいま〜．今日は映画だけで帰ってきたわ．食事するのはもう少し引っ張ってからね．気をもたせないと．フフフ…．そうそう，陽子から頼まれた乾電池，買ってきたわよ」

「ありがと．目覚ましの電池が切れちゃって．でも，乾電池って，ボルタさんの考えた電池とはずいぶん違うわね」

「そうだよな．こんな小さなものから1.5Vの電圧を取り出すには，いろいろな工夫があるんだろうね」

「父さんが若いころは，充電池もあまりなかったなあ．カメラも携帯プレーヤー（当時はカセットだった）も，ほとんどすべて乾電池だった」

「充電池も進化して，大容量，小型化しているということね．あ，姉さん，映画はどうだったの？」

「それが，標準状態の餃子を電気分解すると悪霊が取り憑くという，わけのわからないホラーだったわ」

「どんな映画なのか、さっぱり想像がつかないわね…. で、電気分解って何なの？」

「電気エネルギーを使って化学反応を起こすのが電気分解だ. 電池（化学反応から電気エネルギーを取り出す）とは逆の反応だね. 金属の精錬やメッキなどに応用されていることからもわかるように、日常生活にもかかわる技術だよ」

◆ 乾電池の登場

現在，実際に日常生活で使われている電池の構造を見てみよう．よく使われるマンガン電池を例に，**乾電池**の構造を図12.3に示す．基本的な構成では，正極には酸化マンガン(IV)，負極には円筒状の薄い亜鉛板が使われている．電解質溶液（塩化亜鉛に少量の塩化アンモニウム水溶液を含む）を糊状に固めているのが，「乾いた電池」すなわち「乾電池」と呼ばれる理由である．溶液を含まないマンガン乾電池は，安全でかつもち運びやすいため広く普及した．

乾電池内部には，有毒な酸化マンガン(IV)や，腐食性の強い物質が含まれているので分解するとたいへん危険である．

ボルタ電池やダニエル電池や乾電池は，化学反応を利用しているので「化学電池」である．一方，太陽電池のような光のエネルギーを電気エネルギーに変える電池は「物理電池」といわれている．

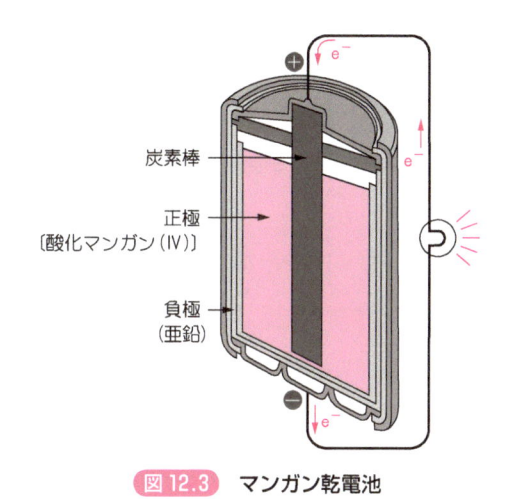

ワンポイント
電池の見方
電池の中で何が起こっているかを化学の眼で考える場合，電極に使う金属の性質，溶液中のイオンの種類をまず押さえておくことが大切である．

←—— LINK ——→
太陽電池については第15章参照．

ワンポイント
乾電池を発明した日本人
1887年，ドイツのガスナー（C. Gassner, 1839～1882）が電解液を糊状にした乾電池を発明したが，同じ年，それに先駆けて日本の屋井先蔵（1863～1927）が独自の方法で乾電池を発明し，商品化していた．

図12.3　マンガン乾電池

◆ 繰り返し使える二次電池

次に繰り返し使用できる**二次電池**について，車のバッテリーとして使われている**鉛蓄電池**を例に説明しよう．

鉛蓄電池では，電極である鉛と酸化鉛(IV)が，希硫酸中に浸されている．

便利な二次電池．

起電力は約 2.1 V である．**放電**すると，硫酸の濃度が低くなるだけでなく，電極板に硫酸鉛が析出するので，起電力は低下する．そしてついには，電流が流れなくなる（電池が切れた状態）．その状態の鉛蓄電池に外部から電流を流すと，起電力が回復する．これを**充電**という．

実際に自動車などに搭載される鉛蓄電池では，図 12.4 のように，2 種類の電極を隔離板で隔てて交互に 6 槽配置して，約 12 V の電圧を得ている．六つの電池が直列に並んだ状態と考えればよい．

すでに実用化されている二次電池には，リチウムイオン電池，空気亜鉛電池，ニッケル・水素電池などがあり，それぞれの用途がある．このような新しい電池の開発により，われわれの生活は便利になっている．

一方，リチウムイオン電池は大量に利用されている電池であるが，製造に必要な水酸化リチウムなどの資源確保だけでなく，廃棄処理，再生処理が難しいなど，問題も抱えている．

> **ワンポイント**
> **一次電池と二次電池**
> 12.2 で述べたマンガン乾電池など，使えばそれっきりの電池を「一次電池」いう．携帯電話に使われているニッケル・水素電池やリチウムイオン電池など，充電・放電を繰り返すことができる電池は「二次電池」と呼ばれている．鉛蓄電池も二次電池の一つである．

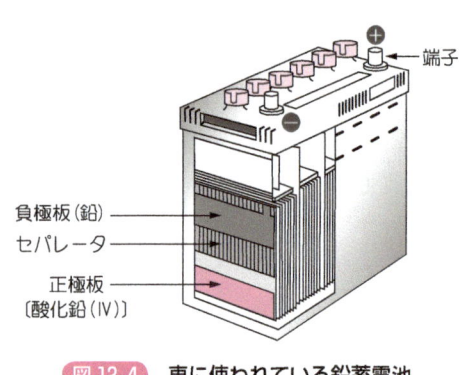

図 12.4 車に使われている鉛蓄電池

ちょいムズ　陽極と陰極，正極と負極…ああ，ややこしい

ここで，電極の呼び方についてまとめておこう．図 12.2 を見てほしい．亜鉛板は溜まった電子を外部回路に出すので「負極」，逆に銅板は外部回路から電子をもらうので「正極」という．

一方，外部から電気エネルギーを供給する電気分解の場合は，電源の正極につないだ電極を「陽極」，負極につないだ電極を「陰極」という．しかし，たいへんまぎらわしいので，中学校理科では「プラス極」「マイナス極」という表現に統一している．

一方，英語では，電子を放出する酸化反応が起こる極を「アノード」，電子を受け取る還元反応が起こる極を「カソード」といい，電池の場合も電気分解の場合も区別なく使われている．よって，電池の正極はカソード，電気分解の陽極はアノードとなる．

なお，江戸時代の蘭学者である宇田川榕菴による化学教科書「舎密開宗（せいみかいそう）」ではアノードに対し「積極」，カソードに対し「消極」という訳語が与えられている．

◆ 電気分解とは

第1章で，水の電気分解を紹介した．図1.1では，左側を陰極，右側を陽極として外部から電圧をかけた．すなわち外部からの電気エネルギーにより，式（1.1）の化学反応が起こったことになる．このように，外部から電気エネルギーを与え，それによって化学反応を起こすことを**電気分解**と呼んでいる．

◆ 電気分解を利用して作る製品

電気分解を利用した工業技術の例に，**電気メッキ**，**水酸化ナトリウムの製造**，**銅の電解精錬**などがある．以下，順に見ていこう．

電気メッキは，金属表面に他の金属の薄膜を作る技術で，複雑な形状のものにも均一な厚さで膜をつけることができる．装飾用の銀メッキや金メッキに加え，腐食を抑えるためのクロムメッキ，ニッケルメッキなどがある．

高純度の水酸化ナトリウムを作るには，飽和食塩水を電気分解する．このとき，陽極側で発生する塩素ガスが不純物として混入しないよう隔膜を用いる．その結果，陰極側に濃度の高い高純度の水酸化ナトリウムができる．

純度の高い銅（99.99%の純銅）を得るには，純度の低い銅（粗銅という）を電極にして電気分解を行う．すると，陽極側で粗銅中の銅イオン（Cu^{2+}）が溶け出し，これが陰極側で再度析出するので，純度の高い銅が得られる．これを**電解精錬**という．銅の電解精錬では，銅よりイオン化傾向の低い銀などの稀少金属が陽極の下に沈殿する．これを陽泥という．

メッキは電気分解を利用した技術．

ちょいムズ　水の電気分解と酸化・還元

水の電気分解を，酸化・還元反応として考えると次のようになる．

陰極（−）：$2H_2O + 2e^- \longrightarrow H_2 \uparrow + 2OH^-$
　　　　　　水　　　電子　　　　水素　　水酸化物イオン
　　　　　　　　　　　　　　　　　　　　　　　　（12.7a）

陽極（＋）：$4OH^- \longrightarrow O_2 \uparrow + 2H_2O + 4e^-$
　　　　　水酸化物イオン　　　酸素　　　水　　電子
　　　　　　　　　　　　　　　　　　　　　　　　（12.7b）

二つの式をまとめたのが第1章の式（1.1）である．陰極では，水が電子を受け取り，還元反応が起こり水素が発生する．一方，陽極では水酸化物イオンが電子を放出し，酸化反応が起こり酸素が発生する．なお，式（12.7）は水酸化ナトリウムのような塩基性物質を使った場合で，中性物質の場合は異なる反応式となる．

第13章 身の回りの電気製品をカガクする
－ 電気製品の化学

　私たちは生活の中で，どれくらい「電気」に依存しているのでしょうか．「もし電気がなければ」と考えてみれば，その答えは明らかです．

　家電製品のお陰で，掃除，洗濯あるいは台所仕事などの家事が楽になり，女性の社会進出を促すきっかけの一つとなりました．また，テレビやコンピュータなどの普及も，地域間格差の縮小に役立っているといえます．

　家庭にある電気製品は家電製品だけではありません．他にもたくさんの電気製品がそれぞれの家庭の中にあるはずです．その中には「化学」がいっぱいつまっています．製品に使われている材料はもちろん，その機能にも化学の研究成果が生かされています．また，環境問題に配慮した電気製品も数多く出回っています．それらの構造や仕組みを知るのも，化学の面白さに気づく近道かもしれません．さらに，多くの電気製品の発明・改良は，多くの人びとのアイデアと努力の賜物であることも忘れてはならないことです．

　では，身近にある電気製品の中に化学を発見していきましょう．

136　13章 ◆ 身の回りの電気製品をカガクする　—電気製品の化学

13-1　磁石はどうして鉄とくっつくの？

「さあ，そろそろ晩ご飯の準備を始めましょうか．IHクッキングヒーターの登場ね．ガスにはガスのいいところがあるけど，IHも便利よ」

「導入してよかったね．でも，火が出ないのに加熱できるなんて，いつ見ても不思議なのよねえ」

「IH調理器は，磁石の力（磁力）を利用して加熱するんだ」

「へえ，磁石かあ．磁石自体も不思議な物質だよね．どうして鉄はくっつくのに，木はくっかないんだろう？」

「ちょっと難しい話になるけど，それには不対電子というものが関係してるのさ．原子の中では，電子は基本的にはペアを組んでいるんだ」

「電子も，私と同じ寂しがり屋なのね」

「ところが，たまに，ペアを組まないで単独で行動する電子がいるんだ．それを不対電子と

いうのさ．この不対電子をもつ物質（鉄が代表的）は磁石に反応するんだよ．不対電子をもつ物質に磁石が近づくと，それぞれの原子の中にある不対電子の方向が揃って磁石になるんだ」

「あっちこっち向いていた不対電子が同じ方向を向くと，磁石に変身するのね？」

「そういうこと．で，磁石と磁石になってくっつくというわけ．でも，磁石と磁石がくっつく理由は，電気のプラスとマイナスが引きあう理由などと同じで，まだよくわかっていないんだよ」

「根本的なことが，まだわかってないのね」

「そんなの簡単よ．単独行動の不対電子なんて寂しいから，寂しいものどうしくっつくのよ．電子も人間も，ペアを組んで生きていくようにできてるのよ」

「よくわからないけど，何だか妙に説得力があるなぁ…」

なぜくっつくのか．

◆ 磁石を切ると，どうなる？

まず，**磁石**の話から始めよう．ここに1本の棒磁石がある．図13.1では，色分けしてN極とS極を区別している．このような棒磁石は**永久磁石**といわれ，強磁性体で作られている．2本の磁石を一列に並べると同じ極どうしなら反発し，異なる極どうしであれば引きつける．

もし，1本の棒磁石を半分にしたらどうなるだろうか．不思議なことに，切断した部分は異なる極となり，再び引き合う（図13.1）．

磁石の性質を考えるには，使われている材料をミクロに見る必要がある．磁石はどんな材料からできているか，という話の前に，棒磁石を細かく切ったときの様子を考えてみよう．

大きな磁石も小さな磁石も，その中は小さな**磁極**の集合である（図13.2）．磁極の一つ一つにはN極とS極があり，棒磁石の中では，それらがすべて

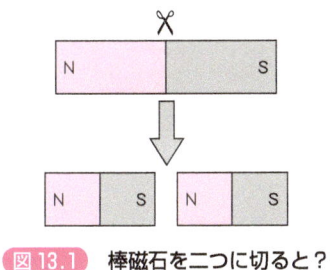

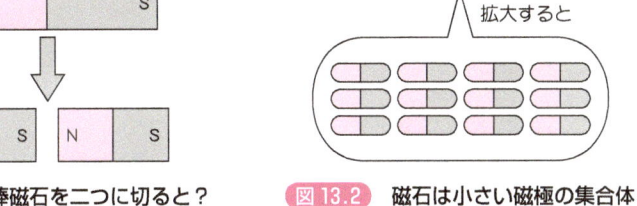

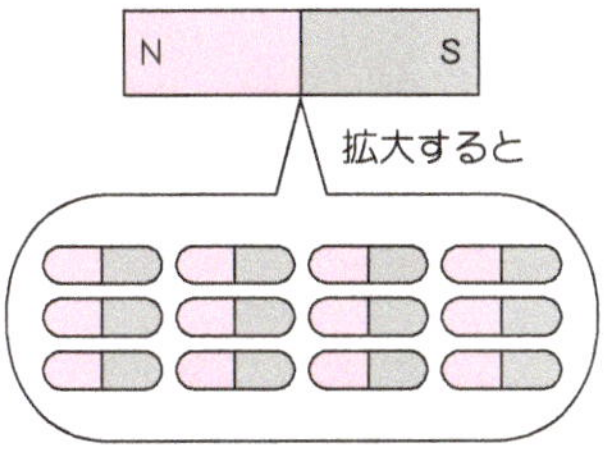

図 13.1　棒磁石を二つに切ると？

図 13.2　磁石は小さい磁極の集合体

同じ方向を向いている．したがって，もし二つに切っても，同じ方向に並んだ磁極の集合ができ，二つに切った部分は，互いに異なる極となり引き合うことになる．外から強い磁場を当てると，これらの磁極の向きを容易に変えることができる．

◆ 磁石にくっつくもの，くっつかないもの

　磁石にくっつくのは，どのような材料だろうか．磁石にくっつく物質，すなわち磁石から出ている磁場に反応する物質は，原子の中の電子の配置に特徴がある．元素は原子番号に等しい数の電子をもっているが，ある一定の規則に従い，2個の電子が「ペア」（対）を作り，安定した状態になる．しかし，原子によっては，電子がペアを組まないで単独で存在する場合がある．これを**不対電子**という．この不対電子をもつ物質が磁場に反応する．

　鉄が磁石にくっつくことはよく知られているが，鉄は不対電子をもっている代表的な元素である．

◆ 磁石になるもの，ならないもの

　われわれの生活の中でもっともよく見かける磁石は，**フェライト磁石**と呼ばれる，セラミックスの一種である．この磁石は，原料である鉄の酸化物の粉末を高温で焼き固めて作る．できた黒色の塊の中では，磁極はバラバラな方向に向いているので，この状態では磁石の性質を示さない．しかし，これに電磁石で強力な磁場を当てると，図13.2のように磁極が一定方向に向き，磁石ができあがる．この操作を**着磁**という．

　また，元素の周期表で鉄の近くに位置するマンガン（Mn），ニッケル（Ni）やネオジム（Nd）などの元素も不対電子をもち，磁場に反応する性質がある．これらの金属元素と鉄をある一定の割合で混ぜて高温で加熱して合成された合金は，非常に強い永久磁石になる．これまでにも多くの強力な磁石が作られ，われわれの生活にも利用されている．

　代表的な合金の磁石の例を表13.1にあげる．表中のKS鋼は，本多光太

> **ワンポイント**
> **鉄の酸化物と磁石**
> 鉄は単体だけでなく，その酸化物も不対電子をもつ場合がある．そういう酸化物も，磁石にくっつく．

> ←― **LINK** ―→
> セラミックスについては第11章参照．

> **ワンポイント**
> **電磁石**
> 電磁石は鉄にコイルを巻き付けたもので，コイルに電流を流すと磁場が発生し，中にある鉄も磁石になる．

ワンポイント
磁鉄鉱
磁鉄鉱は強い磁性をもった鉱石で，自然に存在する磁石となっている場合もある．主成分は Fe_3O_4 という鉄の酸化物である．なお，磁鉄鉱のように，元もと磁性をもっていて（自発磁化という），外部の磁場によりその磁極の向きが変わる性質を強磁性という．常識的には，磁石につく物質を強磁性物質という．

本多光太郎
1870～1954．現在の愛知県岡崎市出身の物理学者．東京帝国大学卒業．東北帝国大学が開設したときに教授に就任した．

ワンポイント
超伝導磁石
第11章で説明した超伝導物質でコイルを作り，それに電流を流すと強力な磁場が発生する．発熱などの損失が少ないため大電流を流すことができるので強力な磁石となる．

表13.1　合金の強力磁石の例

磁石名	成分
KS鋼	鉄，コバルト，タングステン，クロム
ネオジム磁石	鉄，ネオジム，ホウ素
サマリウムコバルト磁石	鉄，サマリウム，コバルト
アルニコ磁石	鉄，アルミニウム，ニッケル，コバルト

郎により1917年に発明された磁石である．またネオジム磁石，アルニコ磁石も日本人によって発明された磁石である．

アルニコ磁石はフェライト磁石の約2倍の**磁力**をもつ．もっとも強いのは希土類を含むネオジム磁石で，その磁力はフェライト磁石の10倍以上に達する．

最近は**超伝導磁石**も話題になっている．リニアモーターカーは，最強の磁石といわれるこの超伝導磁石を使った乗り物である．超伝導磁石から発する強力な磁場どうしを反発させ車体を浮かせるという仕組みで，超高速で走行する．

◆ こんなところにも磁石が使われている

われわれの生活の中では，多くの種類の磁石が使われている．テレビ，エアコン，扇風機，冷蔵庫など，至るところで用いられている．身近な例の一つが，冷蔵庫のドアのパッキンであろう．パッキンに使うゴムの中にはフェライト磁石の粉末が練り込まれており，すき間なくドアが閉まるようになっている．

現代は「デジタルの時代」といわれるが，それを支えてきたのが**磁気記録**である．たとえば，ビデオテープの表面には黒い物質が均一に塗布されているが，これはすでに説明したフェライトである．

音や画像の情報は電気信号に変えられた後，電磁石に伝わる．そして，電磁石から発される磁場の変化が，接触しているテープの表面のフェライトに届く．すなわち，音や画像の信号は，電磁石のN極とS極の複雑な組合せの情報へ変換され，それがフェライト表面に，小さな磁極の配列となって記録されることになる．再生はこの逆の作業で可能になる．

また，電車の切符の裏面にある黒や茶色の部分にもフェライトが塗布されていて，磁場により情報が記録されている．情報が記録されている様子は，いらなくなった電車の切符に鉄粉をかけると，鉄粉が一定の形に配列することからもわかる．

ビデオテープや切符以外にも，カセットテープ，ハードディスクなど，さ

まざまな磁気記録がある．化学者によって新たな磁性材料が開発されることで磁石の高性能化が進んできた．今後も，われわれの生活の中で大きな役割を果たしていくことだろう．

13-2　火を使わずに加熱するIHクッキング

「磁石の話もいいけど，そろそろ晩ご飯を作ろうか．でも，火を使わずに加熱できるなんて，どういう仕組みになってるの？」

「じゃあ，順に説明していこうか．まず，クッキングヒーターの電磁石に電流を流すんだ」

「電磁石っていうと，電流が流れている間だけ磁石になるってやつね？」

「それそれ．すると，今度は電磁石から出た磁力線によって鍋の金属に『うず電流』が発生するのさ．これを電磁誘導っていうんだよ」

「レンジでUFO？」
チンするだけで焼きそばが…ってこと？

「いや，電磁誘導ね．その電磁誘導によって発生した電流が鍋の底を流れるんだけど，そのとき，金属抵抗によって熱が発生するんだ」

「うまくできてるのねえ．じゃあ，IHに使える鍋と使えない鍋があるのはどうしてなの？」

「加熱の仕組みからわかると思うけど，電流が流れない材料は熱くならないんだよ．だから，土鍋は使えないんだ」

「なるほどね．でも，アルミ製の器具もIHには使えないんでしょ？　アルミは電気を通すんじゃないの？」

「その通りだ．でも，上でも説明したように，金属抵抗によって熱が発生するので，抵抗が小さすぎる金属（電流が流れすぎる金属）では十分な熱が発生しないんだよ」

「結局，IHも恋愛も同じ原理なのね．抵抗が大きすぎても成就しないし，小さすぎても物足りないってことよ．適度な障害が，恋の炎を燃え上がらせるのよっ」熱弁

「IHでは炎は出ないんですけど…」

◆ 磁場による加熱って？

　スイッチを入れたIHクッキングヒーターのプレートの部分を触っても熱くない．しかし，鉄製の鍋に水を入れてこの上に置くと，加熱され沸騰する．この仕組みを考えてみよう．

　IHクッキングヒーター，すなわち電磁調理器のプレートの下には，電磁石が置かれている．電磁石は電気が流れると磁石になり，磁場を発生する．図13.3のように，磁石からは**磁力線**が出て，プレートの上に置かれた鍋の底に当たる．磁場に当たった鍋の底では電磁誘導により**うず状の電流**が発生するが，電気抵抗がある材料の場合は電流の流れが妨げられ，熱（これを**ジュール熱**という）が発生する．このような現象を**電磁誘導加熱**（Induction Heating：**IH**）と呼ぶ．IHクッキングヒーターは，ファラデーの法則と

IHクッキングヒーターはどういう仕組みで加熱するのか．

ジュールの法則をうまく組み合わせた，材料のもつ磁性を生かした最新の加熱方法だといえるだろう．

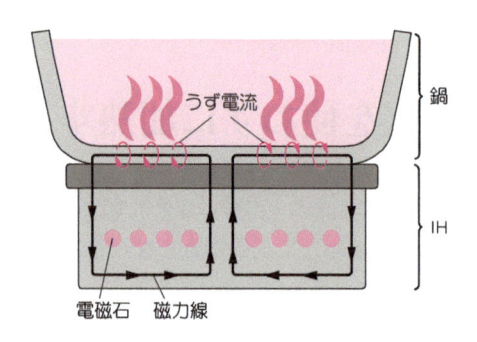

図 13.3 電磁誘導加熱（IH）の原理

◆ IH に使える器具と使えない器具，どう違うの？

以上の説明からもわかるように，IH で使うには，電気が流れる材料でなければならない．しかし，電気抵抗が小さい，すなわち電流が容易に流れすぎる材料だと，熱があまり発生しない．強い磁性を示さないアルミニウム製や銅製の調理器具が IH に使えないのはこのためである．逆に，まったく電気を通さない材料も IH には使えない．ガラスや陶磁器がこれにあたる．

IH はエネルギーを直接伝えるため，今までの電気コンロやガスコンロによる加熱と比べると，熱放射による損失がなく効率がよい．また，火を使わ

> **ワンポイント**
> **オールメタル対応 IH ヒーター**
> 現在では，アルミニウム製や銅製でも使える，オールメタル対応 IH ヒーターがある．

電磁誘導とその応用

1 本の導線に電流を流すと，電流の方向に対して右回りの磁場が生じる（図 13.4a）．導線を巻いて作ったコイルに電流を流すとさらに大きな磁場が生じ，その中に鉄の棒を入れると磁化される（図 13.4b）．

逆に，コイルの中に入れた棒磁石を動かすと電流が流れる．これが「電磁誘導」といわれる現象で，ファラデーが 1831 年に発見した．

これを応用したのが電磁石である．電磁石ではコイルに電流を流し，磁石の状態にしているが，交流の電源を使うと，電流の向きが逆転するので磁場は周期的に変化し，棒磁石を出し入れするのと同じ効果がある．

電磁誘導を応用した非常用懐中電灯も市販されている．胴体を勢いよく振ると，磁石がコイルの中を往復し，発電する．

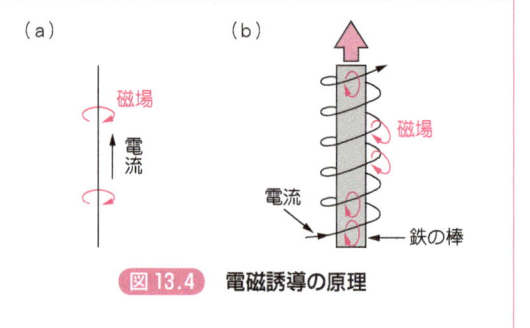

図 13.4 電磁誘導の原理

また電気抵抗をもつ導線に電流を流すと，熱が発生する．このとき発生する熱をジュール熱と呼び，これを「ジュールの法則」という．

ないため安全性も高い．さらに，酸欠の心配がなく，二酸化炭素や水もでない．

電磁調理器を使っていると電磁波が発生するが，この電磁波が身体に与える影響については，具体的な安全性も危険性も立証されていないのが現状である．

> **ワンポイント**
> **高層ビルの調理場**
> 高層ビルの中では，安全性を考え，従来のガス器具の代わりに，IHによる器具が多く使われている．

13-3 液晶は固体でも液体でもない？

「じゃあご飯を作ってる間，私はテレビでも見てようっと．新しいテレビを買ったことだしね」

「姉さん，ずるいぞ〜．ところで，新しいテレビはブラウン管じゃなくて液晶なんだよね．そもそも，液晶って何なの？ 最近，実用化された新材料なの？」

「いや，電卓やデジタル時計の文字盤にも使われているように，それほど新しい材料ではないんだよ．携帯電話の画面も液晶だし，最近はパソコンのモニターもほとんどが液晶だ」

「テレビ以外にもいろんなところに使われてるのね」

「液晶は19世紀の末に発見された物質で，液体状でありながら結晶の性質をもつので液晶と名づけられたんだ．合成語なんだよ」

「それは知らなかったなあ．そういえば，テレビ以外にも，姉さんが毎日，真剣に見ている液晶があるね．何かわかる？」

「姉さんが，イケメン以外をそんなに真剣に見ることってあるかなぁ…あ，体重計？」

「正解！ 体脂肪率も測れるのに変えてから，チョー真剣に見てるだろ？ でも，体脂肪率って，どうやって測ってるんだろう？」

「いろんな方式があるんだけど，主流は体の電気抵抗を測定する方法だ．脂肪の量を直接測っているわけではなく，統計的に脂肪率を算出しているらしい」

「へぇー．実際の脂肪率とは違う数値が出ることもあるってことかしら」

◆ 液晶ってどんな物質？

液晶について理解するには，物質の三態を思い出す必要がある．固体と液体をミクロに見てみよう．固体では原子・分子が規則的に並んでいて固定されているが，液体ではある程度自由に動き回っている．物質の中には，この固体と液体の中間的な――固体でありながら液体のような――ふるまいをするものがある．その典型的な例が液晶である．

まず，液晶の発見の歴史から説明しよう．コレステロールから作られる物質が，液体状態にもかかわらず，濁っていることに気づいたのがライニッツァーで，1888年のことである．その後，彼はレーマンにさらに詳しい研究を任せた．レーマンは研究を重ね，この物質を液晶（liquid crystal）と名づけた．

⟵ **LINK** ⟶
物質の三態については第14章参照．

F. Reinitzer
1857〜1927．オーストリアの植物学者．

O. Lehmann
1855〜1922. ドイツの物理学者. 液晶の父とも呼ばれる.

液晶の中の分子の配列の仕方には何種類かあり，その例を図13.5に示す．分子（楕円形で表している）が固体の結晶のように規則的に並んでいるにもかかわらず，液体のように自由に並び方を変えることができる．このような「液体の結晶」ともいえる性質をもっているのが，液晶と呼ばれる理由である．

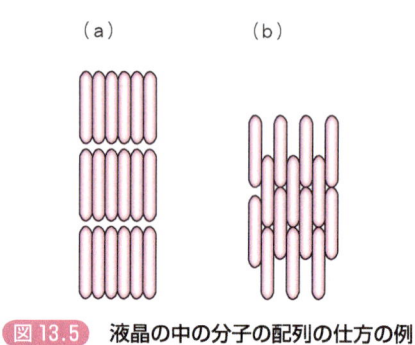

図13.5 液晶の中の分子の配列の仕方の例
（a）の配列をスメクチック，（b）の配列をネマチックと呼ぶ．

◆ なぜディスプレイに利用できるのか

液晶に電圧をかけると，簡単に分子の配列を変えることができる*1．分子の配列が変わると，そこを通る光の性質も変わる．これを利用したのが液晶ディスプレイである．詳しくは次ページの「ちょいムズ」を参考にしてほしい．

図13.6に，電圧をかける前後の構造の違いを示した．図13.6（a）の状態の液晶を通過した光と，図13.6（b）の状態の液晶を通過した光では，通過後の性質に違いが出る．簡単にいうと，振動の方向が変わるのだ．

さらに，特定の色を吸収する分子を混ぜたり，カラーフィルターを付けることにより，カラーを表示することもできる．このような液晶を数多く用い，それぞれに電圧をかけて制御することにより，テレビやパソコンのモニターのような複雑な情報も表示できる．

*1 これは誘電分極という現象を利用したものである．

ワンポイント
電卓の液晶
電卓の表示板に液晶を採用したのは日本の製品が最初で，1973年のことである．

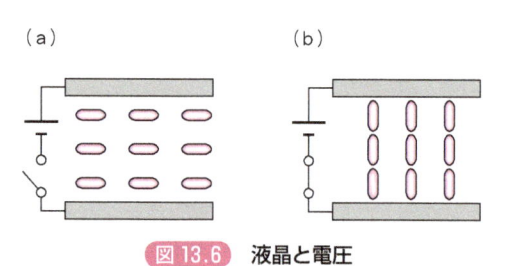

図13.6 液晶と電圧
（a）電圧をかけていない状態，（b）電圧をかけた状態

液晶は消費電力が少ないのも特徴である．また，温度によって変化する液晶も作られ，ガラス窓に使われている．

液晶は，今や身の回りのさまざまなところで利用されており，われわれの生活はますます便利になった．

◆ どうやって体脂肪率を測ってるの？

次に体脂肪率計について説明しよう．

ちょいムズ　液晶の詳しい仕組み

液晶板に当てる光は偏光と呼ばれる特殊な光である．光は波としての性質をもつが，波が振動する面を「振動面」と呼ぶ．普通の光は，さまざま振動面をもっている．

それに対して偏光とは，特定の振動面だけをもった波である．「すだれ」のような構造をもった「偏光板」に光を当てると，一方向の振動面をもった光だけが通過する．この光が偏光である（図13.7a）．

2枚の偏光板を重ねたものに光を当てることを考えてみよう．2枚の偏光板の角度を変えておくと，完全に光を遮断することができるのがわかるだろう（図13.7b）．

液晶ディスプレイの表面には偏光板と液晶が重ねられている．光はまず偏光板を通過するので，液晶には偏光だけが当たることになる．ところがこの偏光が液晶によってねじられ，2枚目の偏光板も通過する（図13.7c）．この液晶に電圧をかけると液晶の配列が変わり，偏光がねじられなくなる（図13.7d）．すると，光が遮断される．

このように光を通したり遮断することによって，画面の表示を変える．これが，液晶ディスプレイの基本的な仕組みである．

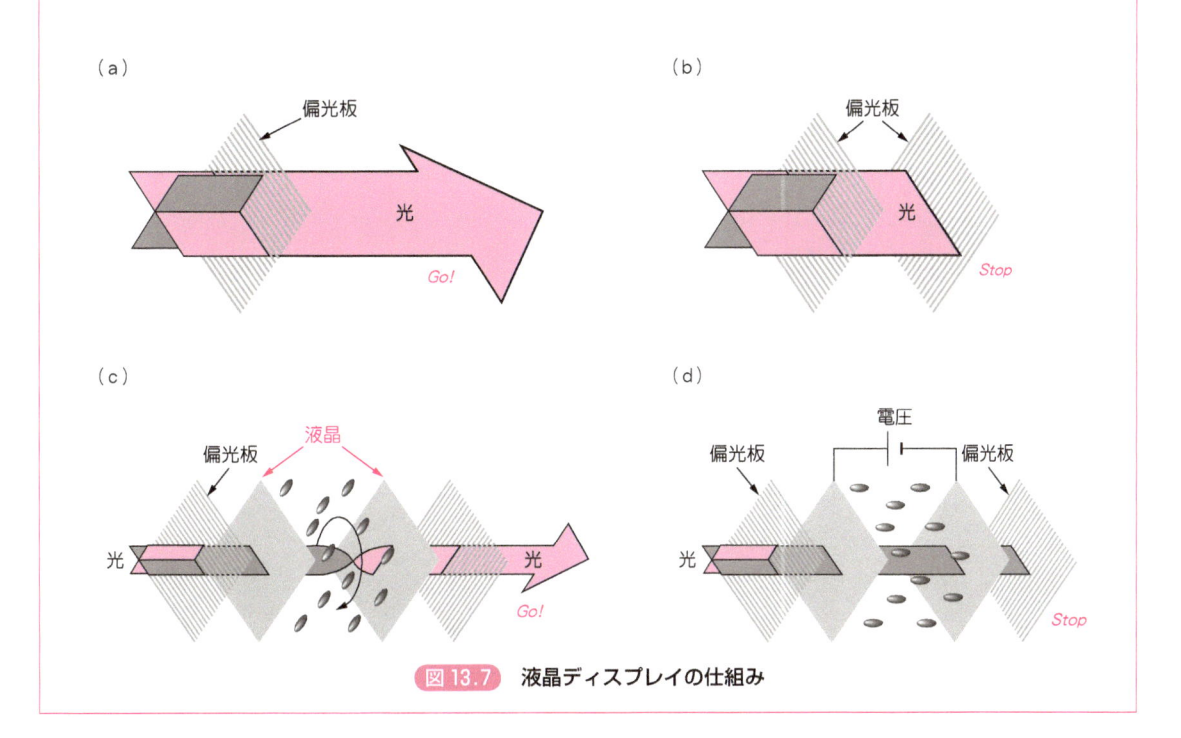

図13.7　液晶ディスプレイの仕組み

体脂肪率どうやって測っているのか。

ワンポイント
2 種類の脂肪
脂肪には内臓脂肪と皮下脂肪の 2 種類があるが，いわゆる「メタボリックシンドローム」は，内臓脂肪と関係する．メタボリックシンドロームは代謝異常症候群と翻訳されており，内臓脂肪の異常な蓄積や，血清脂質，血圧，血糖に異常値が見られる症状を指す．

ワンポイント
体脂肪率の算出
電気抵抗値から体脂肪率を測る方法は，正式には Bioelectrical Impedance Analysis（BIA）法と呼ばれている．体脂肪率を求める他の方法には，「二重 X 線法」，「水中体重法」などがある．

　健康についての関心が高まっているが，体脂肪の量は健康に大きくかかわっており，余分な脂肪の量は健康のバロメーターにもなっている．この脂肪の量を測定するにはどうすればいいのだろうか．

　身体の中の脂肪の量を表す数字に**体脂肪率**がある．身体の何 % が脂肪かを示す指標である．この体脂肪率を家庭でも簡単に測定できる製品が市販されている．

　体脂肪率を測定する方法にはいろいろあるが，体重計と組み合わせて使う製品では，身体の中の電気抵抗値を測定して体脂肪率を算出するのが主流である．その原理を簡単に説明しよう．

　水は電気をよく通すので，電気抵抗は小さい．筋肉，血管などは水分が多く電流は流れやすい．一方，脂肪は水分が少なく電気抵抗が大きいので，ほとんど電気が流れない．よって，電気抵抗値の大小から身体の中の水分量を測定し，そこから脂肪の割合を推測する．

　裸足で乗るタイプの体脂肪計では，電極となる金属板に乗ると微弱な電流が流れ，その電気抵抗値を測定する．素手で金属のグリップを握って測定するタイプも同様である．しかしいずれの方法も，体脂肪を直接測定しているわけではなく，電気抵抗値に身長，体重，年齢などを加味したデータから脂肪率を推定している．そのため，必ずしも正確な値が得られるとは限らない．

第14章 物質は自在に変わる －固・液・気の化学

物質の状態には固体・液体・気体の3種類があり，物質の三態といわれています．同じ物質でも，状態が異なると様子がまったく違ってきます．たとえば，水という物質は，低い温度から高い温度になるに従って，氷（固体）→水（液体）→水蒸気（気体）のように集合の状態を変えていきます．このとき，化学的性質も物理的性質も状態とともに変わっていきます．この現象を理解するには，物質の集合の状態を，原子・分子レベルで考える必要があるのです．

では，それぞれの物質がどの状態をとるかは，どのように決まるのでしょうか．それは，温度と圧力によって決まります．たとえば，室温（通常は25℃）と大気圧（すなわち1気圧）という条件なら，水という物質は液体という状態をとります．温度と圧力が変わると，物質の状態も変化します．身の回りの不思議な自然現象である霜や露も，周囲の温度や圧力の条件によって，水が状態を変えるために現れるのです．

ここでは，物質の状態に注目して，私たちの身の回りのいろいろな現象や，生活に便利な材料，道具について，もう一度考えてみましょう．

146　14章 ◆ 物質は自在に変わる　―固・液・気の化学

14-1　物質の状態変化をミクロに見てみよう

「晩ご飯の準備も佳境に入ってきたわね．陽子，スープを作るから鍋にお湯を沸かしてくれない？　IHはお湯が沸くのが早いわよ．油断してるとすぐに沸騰しちゃうから気をつけて」

「あ，ホントだ．もう湯気が出てきたよ．これって，液体の水が蒸発して気体の水蒸気になってるってことだよね．沸騰と蒸発は違う現象なの？」

「蒸発と沸騰は，液体が気体になるという点では同じだけど，違う現象だね．たとえば，蒸発は表面でしか起きないけど，沸騰は内部からも起きるんだ」

「なるほど．そういう点で蒸発と沸騰は違うのね．あ，鍋のお湯が沸騰してきたよ」

「じゃあ，そこにある冷凍のイカを入れてちょうだい．火を通しすぎると硬くなるから，サッとでOKよ」

「はーい．うわっ，水分が完全に凍ってカチカチに固まってるわ．こっちは水が固体の氷になってるわけね．固体，液体，気体を物質の三態っていうのよね？」

「よく知ってるね．でも，どの状態をとるかには，温度だけじゃなく，圧力も関係するんだよ」

「圧力？　それは知らなかったなあ．あっ，しまった．鍋を加熱したままだった．イカに火が通りすぎちゃったよ」

「イカだから，まあいいか（イカ）」

◆ 物質の三態の違いを細かく見ると

　この章では，**固体・液体・気体**という，**物質の三態**について学んでいく（図14.1）．物質は，温度と圧力が決まれば，その温度と圧力の下でもっとも安定な状態をとる．

　固体・液体・気体の違いを理解するには，原子・分子レベルでの「ミクロな」状態の違いを知ることが重要である．それには，物質の状態を示す**状態図**（後述）の助けも必要である．

　物質を構成する粒子（原子・分子）の集まり方（くっつき方）の違いが，

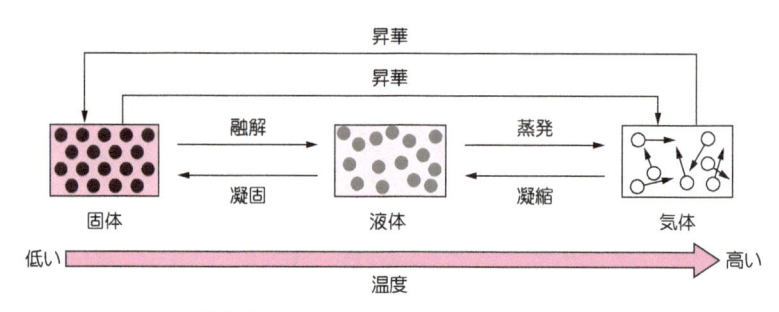

図14.1　物質の状態とエネルギーの大小

状態の違いとなって現れる．すなわち，構成する粒子間に働く力（凝集力）の大小で，どの状態をとるかが決まる．凝集力が大きいと固体になるが，小さくなると液体になり，さらに小さくなると気体になる．

以下，固体・液体・気体のそれぞれについて，特徴を見ていこう．

◆ 超スピードで飛んでいる気体

まず，気体を取りあげる．気体は，それを構成する分子が自由に「あらゆる方向」に動き回っていて，その速さは1秒間におおよそ数百メートルにもなる．これは，時速に換算すると1000 kmをゆうに超える速さである（表14.1）．

このように，われわれの周りにある空気を構成する窒素や酸素などの気体分子は，超スピードで身体に衝突しているのだが，「痛い」などと感じることはない．それは，気体分子の質量が非常に小さいためである．

◆ 固体と液体の特徴

次に，固体と液体について述べる．まず，固体の食塩（塩化ナトリウム）を例に見てみよう．

食塩の白い粒は，細かく見るとその一つ一つが**結晶**になっている．食塩は図14.2（a）に示すように，ナトリウムイオン（Na^+）と塩化物イオン（Cl^-）が交互に規則的に並んだ結晶構造をしている．この状態（固体）の食塩は電気を通さない．

この食塩の固体を加熱すると約800℃で融け始め，固体から液体に変化する．図14.2（b）に示すように，液体の状態では，ナトリウムイオンと塩化物イオンが静電気的な力で引き寄せ合いながら，しかしある程度は自由に動き回っている．液体が自由に形を変えられるのは，このためである．また，電荷を運ぶもの（イオン）が存在するため，液体の塩化ナトリウムは電気をよく通す．

> **ワンポイント**
> **空　気**
> 空気は，体積比で約80%の窒素，約20%の酸素，さらに数%の二酸化炭素などを含んだ混合気体である．

> **表14.1　代表的な気体の分子速度**
>
> | 気体の種類 | 分子速度 (m/s)* |
> |---|---|
> | 酸素　O_2 | 4.7×10^2 |
> | 窒素　N_2 | 5.1×10^2 |
> | 水素　H_2 | 1.9×10^3 |
>
> ＊平均自乗速度で表している．

> **ワンポイント**
> **結　晶**
> 固体中の原子や分子が規則的に配列し，繰り返し単位（単位格子）をもっている構造．

> **ワンポイント**
> **液体と溶液は違う**
> 見た目は同じ液体でも，食塩を高温で融かした液体（融液ともいわれる）と，食塩を水に溶かした水溶液とでは，様子がずいぶんと違う．図5.5と図14.2（b）を見比べてほしい．水溶液では，Na^+やCl^-の周囲を水分子が取り囲み，Na^+とCl^-が引き寄せ合う力が弱まっているので，低い温度でもかなり自由に動き回ることができる．

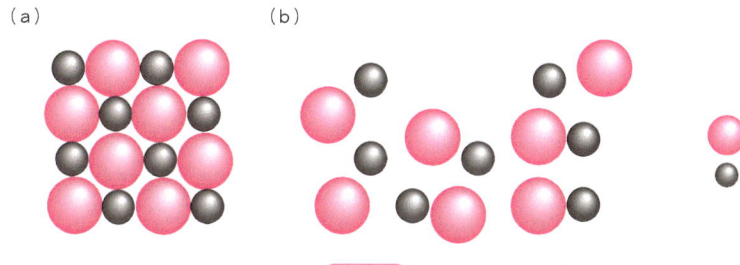

図14.2　固体と液体の様子
（a）固体状態　（b）液体状態

●塩化物イオン
●ナトリウムイオン

なお，塩化ナトリウムの水溶液（塩化ナトリウムを水に溶かしたもの）も電気をよく通す．これは，塩化ナトリウムは水に溶けるとナトリウムイオンと塩化物イオンに分かれ（これを電離という），これらのイオンが電荷を運ぶためである．

◆ 圧力も状態変化に関係する

次に水の場合を例に，圧力・温度と三態変化との関係を，**状態図**を使って見ていこう（図14.3）．状態図を見れば，その圧力と温度のときに，物質がどの状態をとるかがわかる．グラフの線上では，固体と液体，液体と気体，あるいは固体と気体の二つの状態が共存している．また，水平な破線は大気圧（1気圧）を表しており，グラフとの交点Ⓐ，Ⓑがそれぞれ**融点**，**沸点**となる．

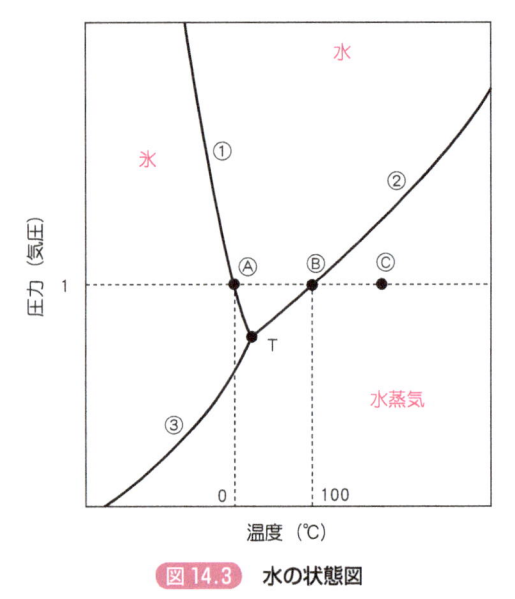

> **ワンポイント**
> **標準状態**
> 大気圧（1気圧）を標準状態といい，標準状態における融点，沸点は，標準融点，標準沸点と呼ばれる．一般には，温度は標準状態の条件には含まれない．ただし化学反応では，温度も標準状態の条件に入れる場合も多い．

図14.3 水の状態図

①，②，③を，それぞれ融解曲線，蒸気圧曲線，昇華曲線と呼ぶ．

この状態図を使い，温度により，湿った空気がどのように変化するかを考えてみよう．湿った高温の空気が点Ⓒ→Ⓑ→Ⓐと，温度が下がるとする．曲線②とぶつかるところ（Ⓑ）では液体が出現する．これが露である．この点では，水蒸気と液体（露）が共存している．さらに温度が下がり，曲線①と交わるⒶでは固体が出現する．これが霜である．この点では，固体（霜）と液体が共存している．水蒸気圧がT（三重点）の圧力よりずっと低い乾燥した日に温度が下がると，蒸気が直接固体になるので白霜ができる．

> **ワンポイント**
> **三 重 点**
> 図14.3の点Tは，固体・液体・気体の三つの状態が共存するので，三重点と呼ばれる．

14-2　圧力をかければ沸点が上がる

「じゃーん．今日も圧力鍋を使ってスペシャルメニューを作るわよ．圧力鍋を使うと，加熱の時間が短く済んで，しかもおいしくなるのよ」

「圧力鍋の中では水は100℃以上になるから，早く火が通るんだよね．でも，どうして圧力鍋の中だと100℃以上になれるの？」

「周囲からの気体分子の圧力が高まると，中の水分子が外に出にくくなるというイメージだね．出にくくなった分，エネルギーを加えないと，すなわち高い温度にしないと沸騰しないってことなんだ」

「100℃以上の水蒸気で加熱する調理器具もあるよね」

「それは気体だから圧力鍋とはまた違うけどね．水蒸気といえば，産業革命の土台となった蒸気機関は，水蒸気のパワー利用した動力なんだよ」

「ジョーキキカンって何？」

「水蒸気の圧力のパワーで機械を動かす動力ってところかな．それまでは馬などを使っていた作業を，機械にやらせることが可能になったってことだ」

「そういうことか．蒸気機関のお陰で，機械化が進んだのね．もし，蒸気機関がなければ，今のような生活はなかったかもしれないってことなのね」

◆ 水蒸気は力もち

水は化学的にはきわめて特異な性質をもっていることはすでに述べた．ここでは，水の三態のうちの気体，すなわち**水蒸気**に注目しよう．

大気圧の下では，水は100℃で沸騰し，水蒸気に変わる．液体の水が水蒸気に変わるとき，その体積は約1700倍にもなる．やかんの中の水が沸騰すると，勢いよく蒸気が噴き出すのもこのためである．加熱によりエネルギーをもらった水分子が，互いの結合を断ち切って飛び出すため，体積が大きくなるのである．

このように，水蒸気は大きな運動エネルギーをもつ．その働きを利用したのが産業革命を牽引した**蒸気機関**である．また，火力発電や原子力発電では，高い温度の蒸気を作り，その蒸気でタービンを回転させて電気エネルギーを生み出している．ここでも，蒸気の力が利用されている．

一方，図14.3の水の状態図からもわかるように，水蒸気は100℃以上になることもできる．次の実験がその様子をよく表している．

図14.4のように，丸底フラスコの口に，ゴム栓を使って銅製パイプの一端を差し込む．その丸底フラスコに少量の水を入れて底から加熱すると水は沸騰し，銅パイプの先端からは白い霧状のものが吹き出す．これは水蒸気ではなく，凝縮してできた小さな水滴である．パイプの先端の温度は，すぐに

⟵ LINK ⟶
水の性質については第5章参照．

ワンポイント
ウォーターオーブン
食品に高温の水蒸気を吹きつけて加熱する調理器具．同時に食品の油成分を落とすこともでき，ヘルシーな料理が作れるとうたわれている．

空冷されるので90℃ほどになっているためである．

次に，銅パイプの途中にあるらせん状になった部分をガスバーナーで加熱する．すると，先端から出ていた白いものは，やがて透明になっていく．このとき噴き出しているのは水滴ではなく水蒸気で，200℃以上の温度になることもあり，先端に紙を当てると簡単に焦がすことができる．この実験からもわかるように，水蒸気は100℃以上の温度になることもでき，これを利用した調理器具も市販されている．

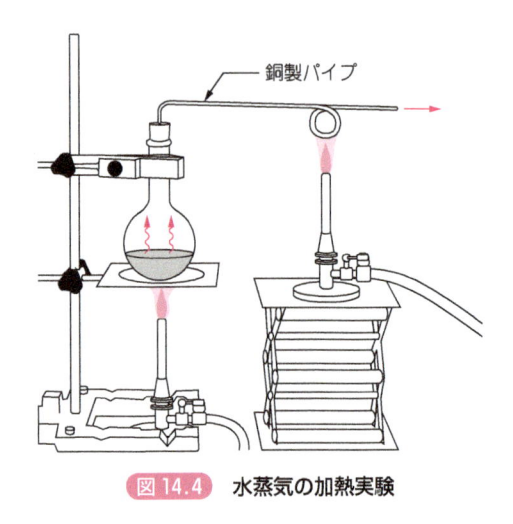

図14.4 水蒸気の加熱実験

◆ 圧力鍋の秘密

次に，**圧力鍋**がなぜ調理器具として優れているか，ここでも図14.3の状態図を使って説明しよう．

蒸気機関の発明が産業を変えた

蒸気のもつエネルギーを動力として利用することは，ギリシャ時代にすでにヘロンという人物が考え出している．

近代の実用的な蒸気機関は，ニューコメン（T. Newcomen，1664～1729，イギリスの発明家）が1712年に考案したといわれている．当時，地下水のくみ出しや石炭の採掘には馬の力が頼りだったが，それに代わる働き手として登場したのが蒸気機関であった．現在でも，動力の性能を表す単位に，馬の頭数を意味する「馬力」という言葉を使うのはこのためである．

しかし，ニューコメンの蒸気機関は効率が悪く，それをワット（J. Watt，1736～1819，イギリスの技術者）が改良した（1769年）．ワットの蒸気機関は，ニューコメンの蒸気機関に比べて4倍以上も効率が高く，産業革命に大きく貢献した．また，蒸気機関を動かす燃料はおもに石炭だったので，この時期から石炭の採掘量は急激に増加することになる．

蒸気の膨張と圧縮という単純な体積変化が，産業構造に変化を与え，さらに文明の発展に大きく貢献することになったのである．

鍋に食材を入れて調理するとき，中にある水の状態が，圧力によってどのように変化するかを考えよう．図14.3の状態図におけるⒷ点が，大気圧（1気圧）下での沸点（100℃）を表している．圧力鍋のように鍋を密閉した状態で加熱すると，中の空気，食材，水（水蒸気）が膨張し，鍋の中の圧力は大きくなっていく．圧力が大きくなると，曲線②に沿って沸点は上昇する．1気圧では100℃で沸騰した水も，圧力の上昇に伴い，100℃を超えないと沸騰しなくなる[*1]．周囲の気体分子の圧力が高くなり，中の水分子が外に出られなくなるというイメージで理解すればよいだろう（図14.5）．

便利な圧力鍋．

[*1] 通常の鍋でも105℃程度までは容易に温度が上がる．

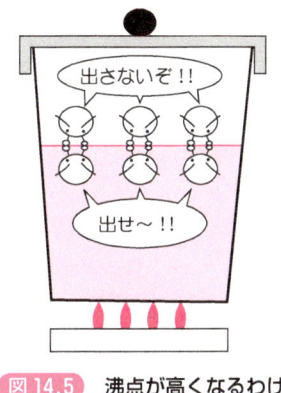

図14.5　沸点が高くなるわけ

このように，圧力鍋の中では水が100℃以上になっていて，そのため食材を短時間で軟らかくすることができる．また，圧力が高いということは食材に味が染み込みやすいということでもあり，一石二鳥である．

また，圧力をかけると沸点が上がることを応用したのが原子炉の冷却水で，大気圧の150倍もの圧力がかけられている．そのため，300℃以上になっても沸騰しない．

ワンポイント
圧力鍋の工夫
台所で使う圧力鍋には，圧力を調整するための安全弁がついており，圧力が高くなりすぎると，自動的に蒸気が追い出されて圧力が下がる仕組みになっている．

◆ 山の上で料理すると

もし逆に，圧力が低くなったら，どのような現象が起こるだろうか．スナック菓子をもって高い山に登ると，山頂にたどり着いた頃には袋がパンパンになったという経験はないだろうか．地上では袋の中の空気の圧力と周りの大気圧がちょうど釣り合っていたが，高所では袋の中の空気の圧力のほうが勝ることになる．その結果，袋がパンパンになる．たとえば，標高3776 mの富士山の山頂では，空気の圧力は地上の約3分の2になる．

この富士山の山頂で料理を作ると，先ほどの圧力鍋の場合とはちょうど逆の現象が起こる．すなわち，低い圧力の下では沸点は100℃より下がり，富士山頂では，沸点は約88℃まで下がる（図14.6）．地上に比べると，12℃

152　14章 ◆ 物質は自在に変わる　一固・液・気の化学

も低い温度で水が沸騰するわけだ．そのため，山頂で米を炊いても火が通らず，硬くてとても食べられない．

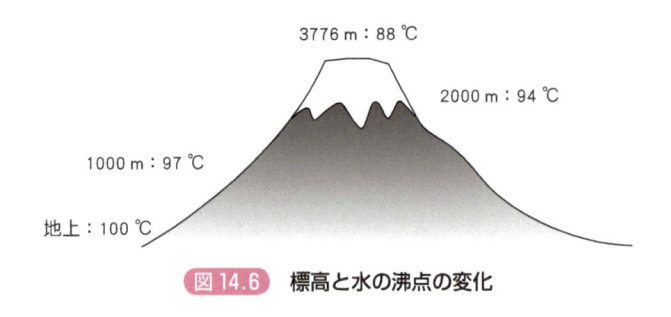

```
3776 m：88 ℃
2000 m：94 ℃
1000 m：97 ℃
地上：100 ℃
```

図14.6　標高と水の沸点の変化

14-3　何かを混ぜると凝固点が下がる

「圧力鍋を使った特製スージービーフカレーもできたことだし，だいたい完成ね」
スージービーフって，すじ肉のことよ

「圧力鍋のお陰で，水の温度が100 ℃以上になるから，おいしくできるのね．100 ℃以上のお湯を作る方法は，圧力をかける以外にはないのかなあ？」

「水に何かを混ぜると，沸点が少し高くなるよ．100 ℃以上の温度で沸騰するってことだ．これを沸点上昇っていうのさ」

「不思議ね．何か別のものを混ぜると，沸騰する温度が変わるってこと？」

「その通り．同じように，水に何かを混ぜると，凍る温度も下がるんだよ．0 ℃になっても凍らないってことだ．これを凝固点降下っていうのさ」

「0 ℃になっても氷にはならないのね？　あ，そうか，よく考えれば，海水は0 ℃でも凍らないわね．これは，いろんなものが溶けてるからなのね．何かが混ざると凍りにくくなるなんて知らなかった」

「沸騰しにくくするには，何かを混ぜればいいわけね．じゃあ私の上司にも，何か混ぜてみようかなあ」すぐ怒るのよね…

ワンポイント

凝固点と融点
液体から固体になるときの温度を「凝固点」，固体から液体になるときの温度を「融点」というが，一般には同じ温度になる．ただし，結晶ではない固体は，ネバネバした状態を経て液体へ変わるので，凝固点と融点の一致を確認することは難しい．

◆ 何かを混ぜると凝固しにくくなる

水に何かが混ざると，0 ℃より低い温度で凝固し（**凝固点降下**），また100 ℃より高い温度で沸騰する（**沸点上昇**）ようになる．なぜそのような現象が起きるのかを考えるにも，水の状態図が便利である（図14.3参照）．

一般的な例として，水に何かが混ざった場合の状態図を図14.7に示す．図中の黒線は純溶媒，赤線は純溶媒に何かを混ぜた場合（混合物）である．赤線は黒線に比べて全体的に左下に移動している．この赤線と大気圧を示す横線との交点が，凝固点および沸点になる．図から，純溶媒と比べて凝固点は低くなり，沸点は高くなっていることがわかるだろう．

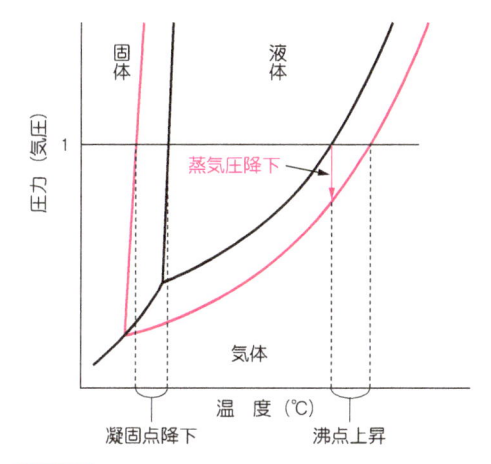

図 14.7 凝固点降下と沸点上昇を説明する状態図

◆ 凝固点が下がる理由

次にこれらの現象を分子レベルのミクロな眼で眺めてみよう．液体の温度が下がり凝固点に達すると，凝固が起こり固体が析出し始める．つまり，分子の運動が徐々に衰えて固体になっていく．

しかし，水に何かが混ざると，水分子とその混ざったものが互いに引き合うことになる．そのため，水分子どうしが互いに引き合う（凝固する）のが妨げられて，凝固するにはさらに温度を下げなければならなくなる．これが，凝固点降下の仕組みである（図 14.8）．

たとえば，海水は塩分を多く含むので，淡水よりも凍結しにくい．しかし海水が凍っても，凍結して固体になるのはほとんど水だけで，塩分は凍らないので，流氷は海水よりも塩分が少ない．

また，ものを冷やす「寒剤」には，氷に食塩を混ぜたものがよく使われる．氷に対して食塩を 2 割ほど混ぜると，氷の温度は $-25°C$ まで下がる．これも，凝固点降下を利用した例の一つである．これとよく似た応用例として，冬場，路上にまく塩化カルシウムがある．凝固点降下によって，道路が凍結したりするのを防いでいる．

◆ 金属でも凝固点降下が生じる

凝固点降下は水以外でも起こる．たとえば，金属の鉛とスズを 4 : 6 の割合で混ぜ，融かして固めると**半田**（はんだ）と呼ばれる合金ができる．半田の凝固点（＝融点）は，鉛の凝固点（$327°C$），スズの凝固点（$231°C$）よりもさらに低く，約 $180°C$ である．このため，半田は通常の金属よりも融けやすいので，溶接に利用される．

ワンポイント

不凍液

自動車のラジエーターの冷却水には，凍結防止のためエチレングリコールを混ぜて，凝固点を下げている．これは不凍液と呼ばれ，寒冷地の車には必需品である．

自動車のラジエーター．

154　14章 ◆ 物質は自在に変わる　―固・液・気の化学

> **ワンポイント**
> **ウッド合金**
> スプリンクラーのノズルに使われるのは，Pb, Bi, Sn, Cd の4種類の金属の合金であり，ウッド合金と呼ばれている．融点は約70℃で，電気配線中のヒューズにも使われている．「ウッド」はこの合金を発明した科学者の名前である．

合金の融点が元の金属単体の場合よりも下がることを応用した例が他にもある．ある種の防火用スプリンクラーのノズルの先は，融点を低くした特別な合金でできていて，火災の熱により自動的に融けて栓が外れ放水する仕組みになっている．

ちょいムズ　水と砂糖水の違い

もし，水の中に砂糖が溶けていると，この砂糖の分子と水分子の間に相互作用が起こり，分子どうしが引き合う．また，蒸発しにくい砂糖の分子が溶液の表面の一部を覆うため，さらに水分子の蒸発は妨げられる．これを蒸気圧降下という（図14.8）．

容器の中では，液体が気体になる蒸発と，気体が液体に戻る凝縮が，同時に起こっている．気液平衡といわれる状態では，蒸発の速度と凝縮の速度が等しくなる．このときの蒸気の示す圧力が飽和蒸気圧である．水に何かが混ざると，先述の理由で（飽和）蒸気圧が下がる．蒸気圧が下がった結果，沸点が上昇することになる（14-3の説明を参照）．

溶液の重要な性質である蒸気圧降下，沸点上昇，凝固点降下などを考えるときは，溶液を構成する粒子の種類ではなくふるまいと数に注目す必要がある．とくに，「希薄溶液」（非常に薄い溶液のこと）では理論的な考察も可能で，これを利用して分子量の測定にも応用されている．

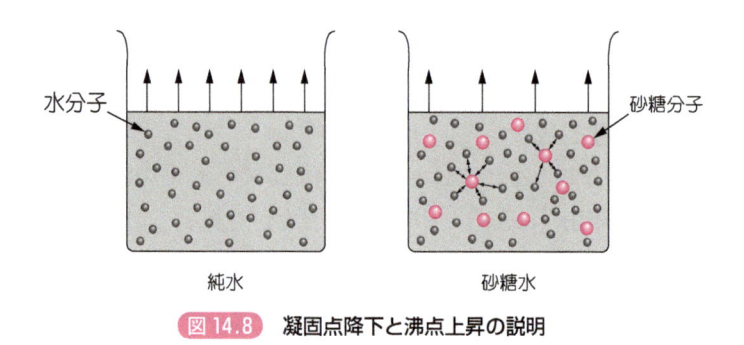

図 14.8　凝固点降下と沸点上昇の説明

第15章 化学は未来をひらく
－環境と調和する化学

「物質の科学」である化学は，人類の文化の発展に多大な貢献をしてきました．そのお陰もあり，私たちの日常生活は豊かにまた便利になりましたが，同時に地球の限りある資源を非常に短期間に消耗していることを忘れてはいけません．「化学が未来の社会にいかに貢献できるか」について考えるには，グリーンケミストリーあるいはサステイナブルケミストリーといわれる，新しい視点に基づく化学に目を向ける必要があります．

地球環境の問題として，地球の温暖化，オゾン層の破壊，酸性雨の増加，海洋汚染，熱帯林の減少などがあげられます．これらの問題は経済の発展とともに深刻化していますが，その原因と結果は，ある特定の地域にとどまっているわけではありません．すなわち，地球規模の問題としてとらえる必要があるのです．

これらの環境問題は，たがいに深くかかわり合っています．また特徴として，原因が発生してから現象が表面化するまでにかなりの時間がかかり，現象に気づいた時点では，すでに修復が不可能な状態になっていることが多いのです．しかも，まだ原因について科学的に十分に解明されていないことも多く，早急で適切な対策がとりにくいのです．

このような地球規模の環境問題に対しても，化学の知識と技術に基づいた，冷静かつ迅速な対応が必要です．とくに，環境問題と深い関係がある「エネルギー資源の確保」については，その問題点を化学の眼でしっかりとおさえ，その解決策を考えなければなりません．

最終章では，私たちの住む地球がかかえる問題を化学の眼で整理し，未来のために化学は何をなすべきか考えてみましょう．

15-1　これからの化学を考えよう

「今日も一日，いろいろなことがあったね．私たちの毎日の生活には，化学が関係することがいっぱいあるのねぇ」

「たしかに，化学のお陰もあって生活が快適に，便利になったけど，ちょっと立ち止まって考えてみる必要もあるよね」

「ぼくもそう思うよ．これからの社会の発展は，エネルギー資源と地球環境の問題を抜きにしては考えられないよ…．あっ，『これからの化学―エネルギーと環境問題をふまえて―』というレポートの締切りが明日だった〜．うまくまとまらなくて困ってるんだよぉ．知恵を貸してくれない？」

「あらあら．単位がもらえないわよ」
「貸してあげるけど，高くつくわよ〜」

「ひぃー．兄弟が困ってるっていうのに，なんて姉妹だ．でも，背に腹は代えられない…」

「まずは，エネルギーの源はなんぞやってとこから始めたら？」

「なるほど．それは，石油と天然ガスが大部分だね．でも，僕たちの身の回りには，電気やガソリンといったかたちでエネルギーが供給されてくるなあ」

「ふむふむ．一次エネルギーと二次エネルギーの違いだね」

「でも，結局は電気にしろガソリンにしろ，テレビを見たり，車を動かしたりするのに使うわけだよな．エネルギーの変換か．なるほど，そのあたりをとっかかりにして考えてみよう」

ワンポイント
エネルギーの分類
地球内部に蓄えられている石油，石炭などは「蓄積型エネルギー」に分類され，一度使うと再生は不可能であり，枯渇の懸念がある．一方，風力や太陽光などは，蓄積できないので「非蓄積型エネルギー」に分類される．これらのエネルギーは再生可能である．

◆ どこからエネルギーを取り出すか

第10章では，**化石燃料**について紹介した．化石燃料の一つである**石炭**は，18世紀の産業革命の時代において，もっとも貴重なエネルギー資源であった．現代社会では，**石油**と**天然ガス**が必要不可欠なエネルギー資源となっている．しかし化石燃料を使い続けることは，二酸化炭素を排出することでもある．ここでは，エネルギー資源の種類と，新しいエネルギーの探索について考えてみよう．

一次エネルギーは自然に存在しているエネルギー源であり，大きく分けて化石資源，太陽エネルギー，および原子力がある（表15.1）．一次エネルギーをわれわれが利用するためには，「エネルギーのかたち」を変えて使いやすくする必要がある．これが**二次エネルギー**である．二次エネルギーに

表15.1　一次エネルギーと二次エネルギー

一次エネルギーの種類と形態	二次エネルギーの種類
化石資源：石炭，石油，天然ガス 太陽エネルギー：太陽光，水力，風力 原子力：ウラン　など	電気，ガソリン，水素

は，電気，ガソリン，水素などがある．

◆ エネルギーにも種類がある

一方，エネルギーを別の観点から分けることもできる．たとえば第12章で説明した電池は，電解質溶液と電極金属の間で起こった化学反応を利用して，化学エネルギーから電気エネルギーを取り出す装置である．

このように，エネルギーを光エネルギー，熱エネルギー，原子力エネルギー，化学エネルギー，電気エネルギー，力学エネルギーに分類し，図15.1のような相互の変換の関係に整理することもできる．

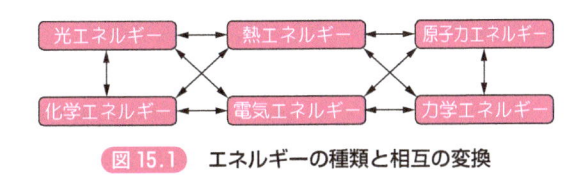

図 15.1 エネルギーの種類と相互の変換

◆ エネルギーの質が重要

限りあるエネルギーを有効に使うにはどのようなことが考えられるだろうか．まずは，一次エネルギーの無駄な消費を抑え，資源の枯渇を食い止めることである．第二には，エネルギー変換を効率よく行い，エネルギーの消費を減らすことである．

一次エネルギーの無駄な消費とはどういうことだろうか．「無駄遣い」という面からだけではなく，**エネルギー保存則**からこのことを考えてみよう．

物理法則でもっとも重要なものの一つにエネルギー保存則がある．エネルギーがどのように変化しようが，エネルギーの総量は増減しないという法則である．「じゃあ，ガソリンや電気をいくら使ってもいいんだ」というわけではない．**エネルギーの質**が問題になってくるのである．

図15.1のように，エネルギーは種類を変えることができる．たとえば，自動車ではガソリンの燃焼によって化学エネルギーが運動エネルギーと熱エネルギーに変わる．この運動エネルギーもブレーキをかけると熱エネルギーに変わる．太陽からの光エネルギーも，地球表面に当たると吸収されて熱エネルギーに変わる．このように，多くのエネルギーは最終的に熱に変換されるが，低い温度の熱エネルギーに変わると，他のかたちのエネルギーに変換することは難しい．すなわち，このようなエネルギーは「質の悪いエネルギー」なのである．

一方，たとえば電気エネルギーは，別のかたちのエネルギーに変えやすいので「質の高いエネルギー」である．

ワンポイント
熱エネルギーと仕事
温度の高い熱エネルギーからは，仕事を取り出すことができる．これが熱機関の基本原理である．しかし，いったん低い温度の熱エネルギーに変わると，再び高い温度に戻す際にはエネルギーの損失が起こるので，低い温度に変わる過程において得られた仕事以上のエネルギーを必要とする．

158　15章 ◆ 化学は未来をひらく　―環境と調和する化学

エネルギー保存則が成立するので，どんなかたちに変換しても，いくら消費してもエネルギーはなくならないのだが，問題はエネルギーの質である．エネルギーの無駄な消費とは，「質の高いエネルギー」を再利用が不可能な「質の低いエネルギー」に変えてしまうことだといえる．

▶ 15-2　地球の温度は上がってるの？

「次にもってくるテーマは，『地球温暖化』でどうかしら？　よくテレビなんかで『温暖化』っていってるけど，実際に地球の気温が上がっているのかなぁ？　上がってるなら，その原因は何なの？」

「なるほど．そういう疑問に対する答えをまとめるといいかもね．そうすると温室効果ガスには触れなきゃだめだな」

「温室効果ガスって，気温を上げるような熱いガスのことなの？」

「父さんのお尻から出るガスも，暖かくて温室効果が…」

「（遮り）いや，ガスの温度自体が熱いわけじゃないんだ．熱を逃がさないので，地球を暖める効果のあるガスのことだよ．で，今もっとも問題となっているのが，二酸化炭素なんだ」

「父さんの出す有毒ガスもわが家では大問題だけどね…．そういえば，この前オーストラリアに旅行にいった友達が，『南半球はオゾンホールがあるから…』なんて話をしてたけど，あれも環境に関係のある話よね？」

「なるほど．それもレポートのネタにしよう．一時期よりは話題にならなくなったけど，南極上空に大きなオゾンホールがあるんだ」

「オゾンホールって？　コンサートとかをするところ？」

「そうじゃなくて，地球はオゾン層というのにおおわれてるんだけど，それに穴が空いちゃったんだよ．それがオゾンホール．オゾン層は有害な紫外線をカットしてくれてるんだ」

「なるほど．穴が空くと，紫外線がバンバン入ってくるわけね．そういうことも，地球規模で考えなきゃならない問題の一つね」

◆ なぜ地球が暖まっているのか

地球の温暖化の原因として**温室効果ガス**があげられている．まず，地球の温暖化が起こる過程について考えよう．

地球表面は太陽からの光エネルギーにより暖められている．地球表面に到達した太陽光は，暖められた地球から赤外線として再び放出される．このとき，大気中に二酸化炭素などがあると，赤外線の一部が吸収される．すると，この赤外線は再び地球表面を暖めることになる．このような現象を**温室効果**と呼ぶ．大気中に温室効果をもつガスが増えると，大気や地球表面の温度が上昇することになる．表15.2に，おもな温室効果ガスを排出源とともに示す．

☞ ワンポイント
温室効果と赤外線
太陽光の波長は短いので，上空の二酸化炭素などの層を通過して地球表面に到達する．赤外線の波長は $4 \times 10^{-4} \sim 1 \times 10^{-2}$ cm で，太陽光に含まれる可視光より波長が長く，温室効果ガスは，一般に赤外線を吸収しやすい．

表15.2 温室効果ガスの種類

温室効果を示すガスの種類	おもな排出源
二酸化炭素	化石燃料
水蒸気	地球表面
メタン	発酵，土壌など
フロン類	エアコン，冷蔵庫，洗浄溶剤など

表15.2の中で，気温にもっとも大きな影響を与えるのは水蒸気である．しかし，水蒸気の量を制御することは難しいので，削減の対象にはなっていない．水蒸気を除くと，温暖化に与える影響は，大きいものから順に二酸化炭素，メタン，フロン類であり，とくに二酸化炭素は約60%を占める．フロン類は（同じ量で比べると）二酸化炭素の数千から数万倍の温室効果があり，たとえ少量であっても大きな影響を与える．

地球温暖化の防止のため，温室効果ガスの排出抑制に世界中が取り組んでいる．二酸化炭素以外の温室効果ガスの削減は進んでいるが，2006年現在，二酸化炭素の量は増え続けている．

◆ 二酸化炭素の排出量ってどうやって計算するの？

地球温暖化による気象変動は，生態系に対しても悪影響を及ぼす．これを防止するための国際的な条約が，気候変動枠組条約締約国会議（通称COP）により，検討され発効されている．1997年に京都で開かれた**COP3**は「地球温暖化防止京都会議」といわれ，ここで採択された調印文書が**京都議定書**である．

この条約は，温暖化防止のための政策・処置を規定したもので，温室効果ガスの排出抑制のための数値目標が盛り込まれているのが大きな特徴である．この条約の対象となるのは二酸化炭素，メタン，代替フロンなどである．1990年を基準に，2008〜2012年の期間に，たとえば日本では5%，アメリカでは7%を削減することが目標とされている．また，国際的に協調して目標を達成するために，市場原理に基づく**国際排出量取引**の仕組みが取り入れられている．

ここで，二酸化炭素の排出量の評価について考えてみよう．次の表15.3は環境LOHASというウェブサイトに掲載されている「環境家計簿」であり，二酸化炭素の排出量の推定値の求め方が示されている．この表によると，ガソリンを1L消費すれば2.3kg，可燃性のゴミを1kg捨てれば0.34kgの二酸化炭素を排出することになる．

ワンポイント

国際排出量取引

定められた温室効果ガスの排出枠が余った国や企業と，排出枠を超えてしまった国や企業との間で，排出量を取り引きする制度．たんに，排出権取引ともいう．もっとも一般的なキャップアンドトレードといわれる方式では，国や行政機関が排出量の上限（キャップ）を定め，それを各企業などに配分し，実際の排出量との差を取り引き（トレード）する．

⟵ LINK ⟶

環境家計簿のURL
http://www.carbonfree.jp/200.html

ワンポイント
ガソリン1Lを燃やすと
二酸化炭素CO_2の分子量は44で、二酸化炭素のモル質量（物質1 molの質量）は44 g/molである。0℃、1気圧（大気圧）の下では、1 molは約22.4 Lの体積を占める。すなわち、二酸化炭素の22.4 Lの質量は44 gである。表15.3より、ガソリン1 Lを燃やすと二酸化炭素が2.3 kg排出されるので、体積に換算すると約1171 Lにもなる。一辺1 mの立方体の体積（1000 L）よりも大きい。

表15.3 二酸化炭素の排出係数（京都府）

項目	使用量	CO_2排出係数
電気	1 kWh	0.366
都市ガス	1 m³	2.29
LPガス	1 m³	6.5
上下水道	1 m³	0.36
灯油	1 L	2.5
ガソリン	1 L	2.3
可燃性のゴミ	1 kg	0.34

出典：NPOローハスクラブ
使用量×排出係数＝排出量（kg単位）．
2009年7月にウェブサイトに掲載されている値．

◆ 二酸化炭素は悪者なの？
　二酸化炭素は地球温暖化の原因として悪者扱いされているが、適当な量の二酸化炭素と水蒸気がなければ、地球は冷えきってしまう。もし、二酸化炭素の量がゼロになると、気温が-18℃まで下がるという試算もされている。では、どのくらいの二酸化炭素がもっとも適当かというと、18世紀の産業革命時代以前の量を適量とするのが一般的である。

　一方、過去の二酸化炭素の量と地球の温度上昇の関係を長期的に見ると、必ずしも相関があるわけではなく、むしろ温度が上昇した後に、海洋に溶けきれなくなった二酸化炭素が増加していることが指摘されている。すなわち、二酸化炭素の増加は温暖化の結果だという意見である。また、気温上昇の主原因は、太陽の活動の変化だという説もある。これからの科学的な解明が待たれる。

ワンポイント
オゾンホールの発見
1984年に、日本の南極観測隊が南極上空のオゾン層が少なくなっていることを報告し、それがオゾンホールと名づけられた。現在、フロンの生産、利用は国際的に規制されており、オゾンホールも縮小の傾向に向かっている。

◆ 南極上空にぽっかり空いたオゾンホール
　二酸化炭素による温暖化以外にも、地球環境に影響を与えるガスの例がある。**フロン**による**オゾン層**の破壊もその一つである。

　太陽光に含まれる有害な紫外線は生体に影響を与え、これが増加すると野生動物の絶滅や皮膚がんの増加につながる。地上から11～50 km上空にある成層圏には、オゾンの濃度が高いオゾン層があり、有害な紫外線を吸収している。このため、地球上の生物は紫外線の影響をあまり受けずに済んでいる。

　しかし、日常生活の中で放出されるフロンというガスが、オゾン層を破壊していることが1970年代にわかった。フロンガスに含まれる塩素原子が、連鎖的に反応してオゾン層を破壊するのである。

ワンポイント
夢のフロンガス
フロンガスは、不燃性で化学的にも安定であり、使用され始めた当時は有害物質とは認識されておらず、「夢のガス」ともいわれていた。冷蔵庫の冷媒や精密部品の洗浄剤などに大量に使われていた。

15-3　石油に依存しない新しいエネルギー

「次はちょっと視点を変えて，石油や天然ガスに依存しないエネルギーってのはどう？」

「ふむふむ．化石燃料由来じゃないエネルギーか．それもレポートのいいネタになりそうだ．さっきの温暖化ともかかわりがあるし」

「化石燃料の代わりになるエネルギーって，何があるのかしら？」

「『新エネルギー』といわれる，次世代エネルギーだね．風力発電，地熱発電，波力発電，それから燃料電池．それに，バイオマス燃料ってのもあるな」

「バイオマス燃料って？」
バイオマスはよろしおます…京都弁？

「生物由来のエネルギーと思えばいいよ．今，実際に利用されているバイオマスエネルギーの代表が，バイオエタノール（バイオマスエタノール）だ．生物由来の原料からエタノールを作るんだ．要するに，お米や麦からお酒を作るのと同じ反応だな」

「お酒と同じなの？」

「そう．大ざっぱにいえば，それをお酒として飲むか，エネルギー源として利用するか，使われ方が違うってことだ」

「私はまだお酒を飲めないから，エネルギーとして利用すべきだって思っちゃうけど…」

「飲む分も残しておいてくれないと困るなあ．それに，バイオマスエネルギーには，食糧との競合っていう問題もあるしね」

「太陽光発電も新エネルギーだよね？　お隣の義部図さん，屋根にパネルを付けるらしいよ．よし，これもレポートのネタにしよう」

「究極的には，太陽光発電で多くのエネルギーをまかなえれば，二酸化炭素の排出量も減るんだろうけど，それには，発電装置の性能がもっとよくならないと無理だなあ」

「まだまだ化学の活躍の場が残ってるってことね」

◆ 新エネルギーって？

　石油のような化石燃料は二酸化炭素を排出するため，環境への影響が地球規模で問題になっている．そこで，**新エネルギー**への関心が高まっている．「新エネルギー利用等の促進に関する特別措置法」（1997年施行）によると，新エネルギーとは，「石油代替エネルギーを製造し，若しくは発生させ，（中略）経済性の面における制約から普及が十分でないものであって，その促進を図ることが石油代替エネルギーの導入を図るためにとくに必要なもの」とされている．

　この法律では新エネルギーは全部で14種類あり，自然エネルギーやリサイクルエネルギーを利用することなどが特徴である．たとえば，太陽光発電，太陽熱の利用，風力発電，バイオマス燃料などがあげられる．いずれも「再生可能エネルギー」であり，地球環境に対する負荷が少ない．さらに，廃棄物を利用した発電も再生可能エネルギーであり，新エネルギーに分類さ

れる．

　日本では 2005 年において，新エネルギーの占める割合は 2% 未満であった．一方で，2050 年には再生可能エネルギーが発電量の約 50% を占めるという試算もある．

◆ 太陽光発電は新エネルギーの代表選手

　次に，家庭でも見かける**太陽光発電**について説明しよう．太陽電池は，太陽からくる光のエネルギーを，電気エネルギーに変換する装置である．電気エネルギーを取り出すときに二酸化炭素などの排気ガスが出ないだけでなく，振動や騒音もない．ただし，太陽の光に依存しているため，日照時間に左右されるという欠点がある．また，電気を蓄えることができないので，厳密な意味で「電池」ではない．しかし，昼間に発電して電力会社に送電したり蓄電池に蓄えたりして，夜間や日照が少ない時間帯に使うという工夫もされている．

◆ 新エネルギーで電気を作る

　太陽のエネルギーは，**太陽熱発電**としても利用されている．凹面鏡を使い太陽光を集め，油などを加熱して熱を蓄え，これを使って水蒸気を作り発電タービンを回す．砂漠などの場所が適している．

ちょいムズ　太陽電池の構造

　太陽電池は，n 型と p 型という 2 種類の半導体（第 11 章参照）が接合された構造をしている．これに光が当たると，二つの半導体が接触しているところで電子の移動が起こり，電流が流れる（図 15.2）．

　半導体に使われる材料はシリコン結晶がもっとも多い．しかし，良質のシリコンの単結晶を作るにはコストがかかり，実用的ではない．そこで，変換効率は落ちるが，大量生産が可能で低コストの「アモルファスシリコン」が使われるようになった．

　原子・分子が規則的に並んでいるのが結晶である．一方，固体でも，規則的に並んでいないものを非晶質（アモルファス）といい，結晶とは異なる性質を示す．現在は，このアモルファスシリコンを使った太陽電池が普及しており，建物の屋根や，ソーラーカーなどに設置されている．

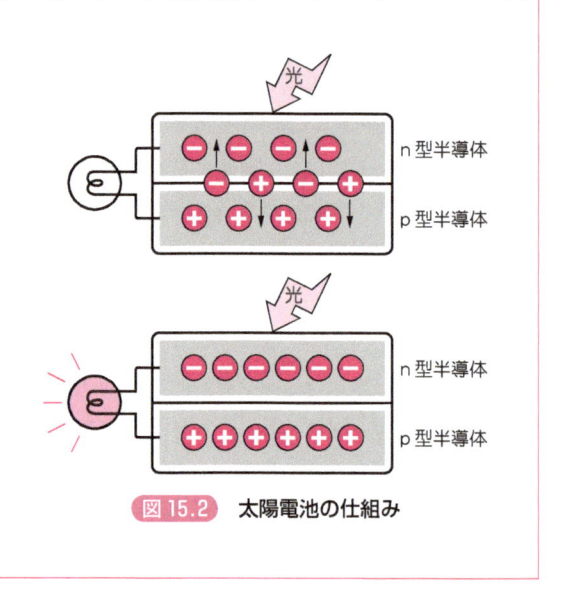

図 15.2 太陽電池の仕組み

他に自然のエネルギーを利用した発電方法として，地下にあるマグマによる熱を利用した**地熱発電**がある．比較的浅いところにマグマがある地域でしかできないが，日本はこれに適した土地である．

風力発電は発電機につけたプロペラを風の力で回して電力を得る方法で，夜でも発電できるという利点があるが，住宅地域では，発電タービンの回転による騒音問題も起こっている．

このところ注目を浴びているのが，生物資源をエネルギー源として利用する方法で，この方法によって得られるエネルギーは**バイオマスエネルギー**と総称されている．再生可能で地域に依存しないクリーンなエネルギーといわれている．バイオマスエネルギーの原料は，廃木材，廃棄食品，畜産廃棄物などの**廃棄物**と，トウモロコシなどの**栽培物**に大きく分けられる．

廃棄物を自動車の燃料などに利用する試みも行われているが，まだ規模はきわめて小さい．一方，トウモロコシなどの栽培物からエタノールを取り出し，ガソリンに混ぜてガソリンの消費量を抑えることは，すでに行われている．しかし，トウモロコシは本来，食料や飼料として栽培されてきたものなので，バイオマスエネルギーのために大量に消費されると，価格高騰，森林破壊，食料問題など，別の社会問題が発生する可能性が懸念されている．

バイオマスが燃焼すると二酸化炭素を排出するが，生物資源なので，成長する過程で光合成を行い空気中の二酸化炭素を消費しているので，二酸化炭素の排出量はプラスマイナスゼロとみなされる．

風の力で発電する．

ワンポイント
エタノール混合ガソリン
日本ではエタノールをガソリンに3%，アメリカでは5%混ぜて使用している．ブラジルでは100%，すなわち純粋なエタノールで走る車もある．

◆ 排ガスを出さない夢の自動車

発電の際に二酸化炭素を排出しない**燃料電池**が実用化されている．燃料電池は水の電気分解の逆反応を利用したものである．水素と酸素が2：1の割合で混合された気体に点火すると，爆発的に反応が起こり，一瞬にして熱エネルギーが放出される（爆鳴気という）．これを制御しながら，電気エネルギーのかたちで「利用可能なエネルギー」として取り出すのが燃料電池である．

──◆── LINK ──◆──
水の電気分解については第1章，第12章参照．

ちょいムズ　燃料電池の構造

燃料電池の正極と負極では，基本的には次の化学反応（酸化・還元反応）が起こっている．この反応で生じた電子 e^- が回路を流れるので，電池となる．

負極（－極）： $O_2 + 4H^+ + 4e^- \longrightarrow 2H_2O$

正極（＋極）： $2H_2 \longrightarrow 4H^+ + 4e^-$

負極では還元反応，正極では酸化反応が起こっている．また，燃料として，空気中の酸素とボンベからの水素を利用しているのが特徴である．

反応をまとめると，$2H_2 + O_2 \longrightarrow 2H_2O$ となり，生成するのは水のみであることがわかるだろう．

燃料の水素ガスが安定に供給されるようになり，装置のコストが下がれば，燃料電池は有力な次世代エネルギーの一つである．燃料電池を搭載した自動車はすでに実用化されている．

15-4　環境と調和する化学を目指して

「お陰様でレポートのネタはたくさん集まったけど，最後の締めが必要だなあ」

「『グリーンケミストリー』や『サステイナブルケミストリー』が，これからの化学を考えるキーワードになるかもしれないな」

「GReeeeN と CHEMISTRY?　J-POP が化学の将来と関係あるの？」

「さすって，いたぶる？」

「いや，そうじゃなくて…，グリーンケミストリーっていうのは『環境に配慮した化学』という考え方だ．サステイナブルというのは『持続可能な』という意味の英語．いずれは使いきってしまうという方向ではなく，持続可能なかたちを考えていこうということだ」

「なるほど．『持続可能ではない』ってことは，逆にいうと『いつかは終わってしまう』ってことだもんね」

「エネルギーも無尽蔵にあるわけじゃないということを，もっと真剣に考えないといけないのかしら」恋愛パワーは無限にわいてくるけど

「でも問題があるってことは，化学が社会に貢献できることが，まだまだ残っているってことだよね」

「私は文系に進もうと思ってるんだけど，今日の話を聞いて理系の進路にも少し興味がわいてきたわ」

「私自身は，化学とはあまり関係のない生活をこれからも送っていくだろうけど，化学者たちの研究に私たちの生活が支えられていることを頭におきつつ，これからもイイオトコを探していくわ」

「化学は現代生活にこれだけ深く結びついてるんだから，文系・理系にかかわらず，最低限の化学リテラシーは身につけておきたいよね」

「リテラシーは大事らしい」

「お後がよろしいようで」

◆ 環境にやさしい化学

これからの化学の役割を考えるうえで，**グリーンケミストリー**（GC）の考え方は重要である．グリーンケミストリーの概念は，1994年にアメリカの環境保護庁により提唱されたものであり，次のような特徴をもつ．

①物質を設計・合成し応用するときに有害物質をなるべく使わない，出さない化学．
②人体と環境に対する影響をつねに考えた化学．

すなわち環境問題を配慮した化学であり、いわば「環境にやさしい化学」ともいえる。有害な化学物質や製品を世の中に出してからそれらを回収して処理するのではなく、最初から有害物質をできる限り使わないという態度であることがわかるだろう。

さらにサステイナブル（sustainable）、すなわち持続可能という考え方とドッキングすることになり、現在では、**グリーンサステイナブルケミストリー**（GSC）ともいわれている。なお、日本のGSCは、環境浄化やリサイクルも含む、これからの化学のあり方を示す大きな流れになっている。

◆ これまでの化学とこれからの化学

人類は2000年以上も前から身の回りにある物質の根源を探究しており、木・火・土・金・水の組合せで物質ができるなどと考えてきた（これは惑星の名前や曜日にも現れている）。自然科学は、物質の根源を探ることから始まったともいえる。

物質を探究する化学は基礎から応用まで幅広い内容を含んでおり、すべての自然科学の中でも重要な分野である。現在では、すべての物質は109種類の元素の組合せから成り立っていることがわかっている。しかし、原子・分子の存在が認められたのは20世紀初頭であり、まだほんの100年ほど前のことである。この「**物質は原子・分子からできている**」という事実は、化学や物理学の発展によって明らかにされ、今や周知の事実となった。物質の根源を探るのに、化学の果たした役割は大きい。

さらに化学者は、原子・分子の結合の仕方や組合せを変えることにより、自然界にはなかったまったく新しい物質を作ってきた。化学の知恵と技術により生み出された膨大な種類と量の新しい物質、すなわち化学物質や化学製品は、われわれの生活を格段に豊かにしてくれた。

一方、新しい物質を生み出し豊かな生活を送る過程で、計り知れない長い歳月を経て蓄えられた燃料（石炭、石油、天然ガスなど）を瞬く間に消費してきた。また、生み出した新しい物質の中には、自然物質には見られない、さまざまな副作用を示すものもあった。それを予想することも制御することもできなかったという苦い歴史がある。

しかし、化学が生み出した原子・分子を制御する力、そしてそれを使って新しい物質を生み出す力は、前述のGSCの考えに基づいた、新たな役目を果たすことが期待されている。不幸にして人類に害をもたらした新しい物質を駆逐するのも化学の力であり、また社会的使命でもある。エネルギー資源、地球環境、あるいは食料問題など、これからも深刻化するであろう地球規模の問題に対して、その解決を与えるのも化学の重要な役目である。

原子の存在が明らかになってから、まだ100年ほどしかたっていない。

15章 ◆ 化学は未来をひらく —環境と調和する化学

◆ 終わりに

　第1章から第15章まで，身近な現象や身の回りの物質を取りあげてきた．化学の眼からそれらの本質に迫ることにより，疑問や不思議が多少なりとも解決したのなら幸いである．また，原子・分子レベルの小さな世界から，地球規模の問題まで，化学の守備範囲はきわめて広いことにも気づいていただけただろう．

　社会に生きる一員として，誤った情報に振り回されることなく，客観的な判断と行動をとることも必要である．そのためにも化学リテラシーに支えられた化学の眼は大いに役に立つだろう．

◆ 写真提供一覧 ◆

第1章	p.11	冷蔵庫	パナソニック（株）
第3章	p.31	透湿はっ水素材	東レ（株）
第6章	p.64	フリースジャケット	（株）モンベル
第7章	p.71	池田菊苗	味の素（株）
第7章	p.75	温泉卵	たきい旅館
第11章	p.116	セラミックナイフ	京セラ（株）
第11章	p.118	サクソフォン	ヤマハ（株）
第12章	p.133	おりん	ぶつだん工房 雅
第13章	p.138	本多光太郎	国立国会図書館
第13章	p.139	IHクッキングヒーター	パナソニック（株）
第13章	p.144	体組成計	（株）タニタ
第14章	p.150	ウォーターオーブン	シャープ（株）
第14章	p.151	圧力鍋	（株）ワンダーシェフ
第14章	p.153	ラジエーター	いわきラジエーター
第15章	p.163	風力発電施設	三菱重工業（株）

◆ 索　引 ◆

A～Z

BOD	55
CD	62
COP	159
DVD	62
IH	139
IHクッキングヒーター	139
KS鋼	137
LNG	107
LPガス	106
NO$_x$	110
pH	16
SO$_x$	110

あ

アイソトニック飲料	51
アイドリング	109
アインシュタイン	85
アオコ	55
赤潮	55
アクリル	26, 27
麻	25, 26, 27
朝焼け	89
味	70
アスピリン	93, 94, 98
アセチルサリチル酸	94
アセテート	26
圧力鍋	149, 150
アデノシン三リン酸	69
アノード	132
油汚れ	34
アミノ基	27, 74
アミノ酸	74
必須――	74
編物	25
アミラーゼ	72
アミロース	72
アミロペクチン	72
アモルファスシリコン	162
アラミド繊維	63
アリザリン	29
アルキルベンゼンスルホン酸ナトリウム	42
アルニコ磁石	138
アルミナ	115
アルミニウム	119
アレニウスの酸・塩基の定義	15
アントシアニン	17
アンモニア	18
硫黄	110, 127
イオン	6
――結晶	49
異形断面繊維	30
池田菊苗	70
一次エネルギー	156
一次電池	133
イノシン酸塩	71
衣服	
――の着用目的	24
――の汚れ	34
陰イオン	6
陰極	132
インジゴ	29
インターフェロン	102
インフルエンザ	98
――ウイルス	98
ウォーターオーブン	150
うず状の電流	139
ウッド合金	154
うま味	70
うるち米	72
永久磁石	136
液化天然ガス	107
液晶	141
液体	146
――アンモニア	31
エネルギー	
一次――	156
化学――	157
結合――	8
原子力――	157
新――	161
蓄積型――	156
電気――	157
二次――	156
熱――	157
バイオマス――	163
光――	157
非蓄積型――	156
力学――	157
――変換	157
――保存則	157
エリスロマイシン	98
塩	21
塩化物イオン	147
塩基性	14
強――	15
弱――	15
塩析	86
塩素	52
――ガス	20
オゾン	52
――層	160
――ホール	160
織物	25
温室効果	158
――ガス	158

か

会合コロイド	80
界面活性剤	39
合成——	39, 42
化学エネルギー	157
化学繊維	25
化学電池	131
化学反応式	3
化学変化	2
化学火傷	44
核酸	96
化合物	3
過酸化水素	35
——水	36
可視光	29, 89
価数	6, 15
化石資源	104
風邪薬	97
カソード	132
ガソリン	105
過炭酸ナトリウム	36
活性酸素	123
活性炭	52, 83
家庭洗濯	38
家庭洗濯等取扱絵表示	37
家庭用品品質表示法	37
ガラス繊維	63
ガルバーニ	128
カルボキシ基	27, 62, 74
環境家計簿	159
還元	126
寒剤	153
完全燃焼	109
乾電池	131
漢方エキス製剤	101
漢方薬	101
気液平衡	154
機械材料	115
気体	146
起電力	129
絹	25, 26, 27
希薄溶液	154
逆浸透法	51, 53
急速ろ過方式	52
吸着	41, 52
吸着相	87
牛乳	83
吸熱反応	7
強塩基性	15
凝固	146
凝固点	153
——降下	152
凝固熱	10
強酸性	15
強磁性体	136
凝集	85
——力	147
凝縮	146
——熱	10
凝析	86
京都議定書	159
極性分子	47
金	118
金属性石けん	43
金属のイオン化傾向	129
グアニル酸塩	71
クーロン力	49
クエン酸	18
薬の飲み合わせ	100
国中明	71
クラビット	100
グリーンケミストリー	164
グリーンサステイナブル	
ケミストリー	165
グリコーゲン	68
グルコース	68, 72
グルタミン酸ナトリウム	71
クロマトグラフィー	52
形態安定素材	31
携帯カイロ	9
軽油	105
結合エネルギー	8
結合角	46
結晶	147
イオン——	49
ケミカルリサイクル	64
けん化	40
原子	4
原子核	4
原子番号	5
原子量	5
原子力エネルギー	157
元素記号	5
元素の周期表	5
玄米	72
原油	105
高温超伝導体	120
光化学オキシダント	110
光化学スモッグ	110
光学材料	115
合金	118
抗菌剤	96
麹	76
高脂血症	97
硬水	50
合成界面活性剤	39, 42
合成繊維	26
合成染料	29
合成溶剤	43
酵素	96
構造最適化	93
硬度成分	43
抗ヒスタミン剤	95
糊化	73
国際排出量取引	159
固体	146
五大栄養素	68
小玉新太郎	71
米	72
コレステロール	97
コロイド	80
会合——	80
親水——	86

索引

疎水――	85	永久――	136	新エネルギー	161
分散――	80, 83	超伝導――	138	人工透析	81
分子――	80	ネオジム――	138	親水基	39
――粒子	80	フェライト――	137	親水コロイド	86
混合物	3	質量保存の法則	3	親水性	86
――の分離	52	磁鉄鉱	138	真鍮	118
コンビナトリアルケミストリー	93	しみ抜き	35	親油基	39
		シメチジン	95	水酸アパタイト	116
さ		弱塩基性	15	水酸化鉄（Ⅲ）	82
サーマルリサイクル	65	弱酸性	15	水酸化物イオン	15
再生繊維	26	重合	58	水質汚染	55, 56
鎖状高分子	24	収縮	2	水蒸気	149
殺菌作用	52	重曹	20	水素イオン	14
サプリメント	69	重油	105	水素結合	47
サポー	42	ジュール	8	水溶液	14
サリシン	93	――熱	139	水溶性ビタミン	69
サリチル酸	94	縮合重合	58	水溶性汚れ	34
サルファ系抗菌剤	96	樹脂	31	水和	49
酸化	126	受容体	96	水和層	86
酸化数	126	潤滑剤	105	スクリーニング	92
酸化チタン	123	純物質	3	ハイスループット――	92
酸化銅	126	昇華	11, 146	ランダム――	92, 94
酸化物	127	――熱	11	スケール	26, 36
三元触媒	112	蒸気機関	149	ステロイド	99
三重点	148	商業洗濯	38	スポーツドリンク	51
酸性	14	焼結	115	スメクチック	142
強――	15	小柴胡湯	102	正極	132
弱――	15	脂溶性ビタミン	69	制酸剤	100
――雨	110	状態図	146, 148	精製	105
三大栄養素	68	状態変化	2, 10	生石灰	9
散乱	88	蒸発	146	生体材料	115
次亜塩素酸ナトリウム	36	――熱	10	生体分子	96
磁気記録	138	生薬	101	静電気	62
色素	29	醤油	76	――力	49
磁極	136	蒸留	52, 53	静電反発力	86
シクロスポリン	100	食塩	49, 147	青銅	118
シクロポリン	98	食事バランスガイド	70	青銅器時代	117
脂質	68	シリカ	122	生分解性	43
指示薬	16	シリコン	121	――プラスチック	65
磁石	136	磁力線	139	――ポリエステル	66
アルニコ――	138	ジルチアゼム	94	セイヨウオトギソウ	100

赤外線	158
石炭	104, 107
石油	104
——系溶剤	43
絶縁体	121
石けん	18, 39, 40, 42
——カス	43
瀬戸物	115
セラミックス	114
——センサー	116
セルフクリーニング効果	122
セルロース	27
セロファン	81
繊維	24
アラミド——	63
異形断面——	30
化学——	25
ガラス——	63
合成——	26
再生——	26
炭素——	63
中空——	30
超極細——	30
天然——	25
半合成——	26
複合——	30
——強化プラスチック	63
——集合体	24
——製品の扱いに関する表示記号およびその表示方法	37
洗剤	39
——の標準使用量	41
洗浄剤	19
洗浄作用	41
染色	28
洗濯機洗い	37
銑鉄	119
潜熱	11
全反射	123
染料	28
合成——	29
天然——	29
総合感冒薬	97
疎水基	39, 42
疎水コロイド	85
疎水性	86
ソックス	110

た

対硬水性	43
体脂肪率	144
対症療法	97
太陽光発電	162
太陽電池	131, 162
太陽熱発電	162
ダニエル電池	130
卵	75
タミフル	98
炭化ジルコニウム	32
炭化水素	39, 105
炭酸水素ナトリウム	20
炭水化物	68
炭素繊維	63
単体	3
タンパク質	27, 68, 74, 96
チアゼシム	94
チーズ	77
地球温暖化	66
蓄積型エネルギー	156
治験	93
窒素酸化物	110
地熱発電	163
着磁	137
中医学	101
中空繊維	30
抽出	52
中性	14
中性子	4
中性脂肪	97
中薬	101
中和	20
超極細繊維	30
超親水性	122
超伝導磁石	138
超伝導体	120
チンダル現象	88
手洗い	37
ディーゼル	109
鉄	119
鉄器時代	117
鉄鉱石	119
テトラクロロエチレン	43
テルフェナジン	98, 100
電解質	130
——溶液	129
電解精錬	118, 134
銅の——	133
電気泳動	82
電気エネルギー	157
電気分解	8, 133
電気メッキ	133
電子	4
電子材料	115
電磁誘導加熱	139
電池	128
一次——	133
化学——	131
乾——	131
天然ガス	104, 107
天然繊維	25
天然染料	29
デンプン	72
電離	14
銅	118
陶磁器	114
透湿はっ水素材	31
透析	81
銅の電解精錬	133
灯油	105
都市ガス	107
土壌汚染	56
ドップラー効果	89
ドライクリーニング	37, 38

──事故	44	発酵	76	不完全燃焼	109
──溶剤	43	──食品	76	負極	132
ドラッグデザイン	93, 95	発熱反応	7	複合繊維	30
トリアゾラム	100	発泡スチロール	60	副作用	99, 102
トリハロメタン	52	半合成繊維	26	不対電子	137
		半田	153	沸点	47, 148
		半導体	121	標準──	148
━━━━━ な ━━━━━		半透膜	53, 81	──上昇	152
ナイロン	26, 27	反応熱	7	物理電池	131
納豆	77, 100	ピーエッチ	16	物理変化	2
ナトリウムイオン	147	光エネルギー	157	不凍液	153
鉛蓄電池	132	光ディスク	62	腐敗	76
ナリンジン	100	光ファイバー	123	フミン	52
軟水	50	非晶質	162	ブラウン運動	85
二酸化炭素	156	ヒスタミン	95	プラスチック	108
二次エネルギー	156	ビタミン	68, 69	熱可塑性──	60
二次電池	133	脂溶性──	69	熱硬化性──	60
ニューコメン	150	水溶性──	69	バイオマス──	66
ヌカ	72	非蓄積型エネルギー	156	──材質表示識別マーク	65
布	25	必須アミノ酸	74	プラマーク	65
ネオジム磁石	138	必須ミネラル	70	ブレンステッド	21
熱運動	85	ヒット化合物	93	──の酸・塩基の定義	21
熱エネルギー	157	非電解質	130	プロテアーゼ	72
熱化学方程式	9	ヒドロキシ基	27, 62, 122	フロンガス	160
熱可塑性プラスチック	60	標準状態	148	フロン類	159
熱硬化性プラスチック	60	標準電極電位	129	分解反応	2
熱変性	75	標準沸点	148	分極	47, 129
ネマチック	142	漂白	35	分散コロイド	80, 83
燃焼反応	2	漂白剤	35	分散相	83
燃料電池	163	漂白作用	19, 52	分散媒	83
ノックス	110	表面張力	40, 48, 81	分子間引力	40
		ファインセラミックス	114	分子間力	81, 86
━━━━━ は ━━━━━		ファラデー	140	分子コロイド	80
排煙脱硫装置	112	フィブリル化	36	分留	105
バイオマス	66	風力発電	161, 163	平衡状態	47
──エネルギー	163	フェライト	116	ペットボトル	60, 65
──燃料	161	──磁石	137	ペプチド結合	74
──プラスチック	66	フェルト	27	ヘロン	150
ハイスループットスクリーニング	92	──化	27, 36	偏光板	143
ハイドロサルファイトナトリウム	36	フェロジピン	100	紡糸	24, 30
爆鳴気	8, 163	付加重合	58	膨張	2
波長	89				

飽和蒸気圧	154
ボーキサイト	116
保護作用	87
保湿素材	32
ポリイミドフィルム	63
ポリウレタン	26
ポリエステル	26, 27
ポリエチレン	58, 59
ポリエチレンテレフタレート	58, 59, 64
ポリ塩化ビニル	58, 59
ポリカーボネート	62
ポリスチレン	58, 59
ポリ乳酸	66
ポリプロピレン	58, 59
ポリマー	58
ボルタ	128
——の電池	129

ま

マテリアルリサイクル	64
マンガン電池	131
水洗濯	38
水分子	46
ミセル	41
みそ	76
ミネラル	68, 70
必須——	70
——ウォーター	50
六つの食品群	70

メイラード反応	77
メタン	159
メラノイジン	77
綿	25, 26, 27
メンデレーエフ	5
毛細管現象	25
もち米	72
モノマー	58

や

融解	146
——熱	10
融点	47, 148
誘電分極	142
夕焼け	89
油脂	40
陽イオン	6
溶解熱	9
容器包装リサイクル法	65
陽極	132
溶剤	35, 38
合成——	43
石油系——	43
ドライクリーニング——	43
——洗濯	38
陽子	4
溶質	14
溶媒	14
羊毛	25, 26, 27
ヨーグルト	77

ら

ラボアジェ	3
ランダムスクリーニング	92, 94
リード化合物	92
力学エネルギー	157
リサイクル	
ケミカル——	64
サーマル——	65
マテリアル——	64
容器包装——法	65
リトマス試験紙	17
リニアモーターカー	138
リバウンド	100
リピトール	97
リファンピシン	98
硫化銀	127
硫化水素	127
硫酸	110
粒子汚れ	34
臨界温度	120
冷蔵庫	11
冷媒	11
レーヨン	26, 27
レンネット	78
ろ過	52

わ

ワット	150
ワルファリン	98, 100

●著者略歴●

芝原　寛泰（しばはら　ひろやす）

1951年京都生まれ．1976年京都工芸繊維大学大学院修士課程修了．その後，株式会社村田製作所，京都教育大学教育学部助手，ノースウェスタン大学材料工学部ポスドク研究員を経て，現在，京都教育大学教育学部理学科教授．工学博士（大阪大学）．

専門は，物理化学，理科教育．おもな研究テーマは「マイクロスケール実験の開発と教育実践」，「理科教育における粒子概念の系統的導入の検討」など．

著書に『大学への橋渡し　一般化学』（共著），『もっと化学を楽しくする5分間』（分担執筆）．

後藤　景子（ごとう　けいこ）

1954年大阪生まれ．1979年奈良女子大学大学院修士課程修了，1986年奈良女子大学大学院博士課程修了．その後，奈良女子大学家政学部助手，京都教育大学教育学部助教授，同教授を経て，現在，奈良女子大学生活環境学部教授．学術博士（奈良女子大学）．

専門は，衣環境学，洗浄科学，コロイド界面化学．おもな研究テーマは「ドライプロセスを利用した衣環境の快適化」，「環境対応型洗浄システムの追求」など．

著書に『Electrical phenomena at interfaces』（共著）．その他，洗浄や表面加工に関する多くの総説・論文がある．

身の回りから見た 化学の基礎

2009年11月2日　第1版第1刷　発行
2025年2月10日　　　　　　第15刷　発行

検印廃止

|JCOPY|〈出版者著作権管理機構委託出版物〉|

本書の無断複写は著作権法上での例外を除き禁じられています．複写される場合は，そのつど事前に，出版者著作権管理機構（電話 03-5244-5088，FAX 03-5244-5089，e-mail: info@jcopy.or.jp）の許諾を得てください．

本書のコピー，スキャン，デジタル化などの無断複製は著作権法上での例外を除き禁じられています．本書を代行業者などの第三者に依頼してスキャンやデジタル化することは，たとえ個人や家庭内の利用でも著作権法違反です．

著　者　芝原　寛泰
　　　　後藤　景子
発行者　曽根　良介
発行所　㈱化学同人

〒600-8074　京都市下京区仏光寺通柳馬場西入ル
編集部　TEL 075-352-3711　FAX 075-352-0371
企画販売部　TEL 075-352-3373　FAX 075-351-8301
振替 01010-7-5702
e-mail　webmaster@kagakudojin.co.jp
URL　https://www.kagakudojin.co.jp

印刷・製本　㈱ウイル・コーポレーション

Printed in Japan　Ⓒ　H. Shibahara, K. Goto　2009
乱丁・落丁本は送料小社負担にてお取りかえいたします．　無断転載・複製を禁ず
ISBN978-4-7598-1292-3